U0077881

解鎖行銷與創新的密碼

商務設計的行為經濟學筆記

讀懂消費者的心，做出好用的設計和優秀的服務規劃

中島亮太郎　著
何蟬秀　譯

前言

行為經濟學與設計的交集

本書的主題是行為經濟學在設計上的應用。設計不只是色彩與形狀的創作，建立一個機制讓商品與服務的使用者感興趣且願意採取行動，也是一種設計。

設計師在設計的過程中需要思考的有很多，像是使用者使用時的心情、周圍的環境，或是如今的社會熱門議題為何。如果是企業與行政機構，可以透過數字來分析這些問題，不過設計師更關注的是使用者的實際行為與感受，在獲得新的發現後進一步展開調查，最後呈現於設計提案中。

設計師在研究時並沒有既定的方法，而是可以運用幾種方法與框架，例如以時間軸整理出商品、服務的使用過程，或是採訪實際的使用者。不過，這些充其量只是方法，執行這些方法時，最重要的前提還是「觀察人與社會的能力」。

使用者並非總是追求便利與效率，然而，在公司工作的時間一久，分析市場現況時，想到的總是商品、服務的方便性與效率，如此一來，所提出的解決方案，其特色也會與其他公司相似，例如方便、快速、划算等，最後，所有競爭者都站上同一個戰場，淪為一場消耗戰。然而，使用者追求的或許是前所未有的愉悅感受與有趣的體驗，不一定是方便與效率，而覺察這項事實的觀察力對研究來說是相當重要的。

一直以來，我不斷在實務現場嘗試各種設計的研究方法，當我思考是否有其他的方法，能夠透過非設計領域的概念打造更加符合商務思維的設計時，突然注意到行為經濟學這個領域，於是我閱讀了幾本相關書籍，書中提到，使用者進行判斷時並非總是理性。在我熱衷投入並鑽研這個領域後，我發現「這應該有助於設計的研究」，因為，行為經濟學與設計有個共通之處，它們的重點都是人＝使用者。

2020 這一年，我在媒體平台「note」（http://note.com/）定期針對行為經濟學與設計主題發布自己的所學內容，有一天，編輯表示對我的文章感興趣，這也成了本書的寫作契機。

除了研究之外，行動經濟學也能運用於實務上的商品與服務，因此，除了設計師之外，本書也適合許多對象閱讀，像是負責商務企劃，或是想要讓工作更有趣的讀者。本書的目標是藉由學習行為經濟學，讓更多人能以研究的觀點著手設計、打造更創新的商務。

與其他行為經濟學書籍的差異

行為經濟學的相關書籍可概分為兩大類，第一種是心理學家與經濟學家等專家的著作，例如諾貝爾經濟學獎得主丹尼爾・康納曼的著作《快思慢想》，以及理查・賽勒和凱斯・桑思坦合著的《推力：決定你的健康、財富與快樂》。另一個種類則是簡單彙整各個理論的書籍，這個種類可以再細分為許多類型，有些以左右兩頁為一個單位，讓讀者對單一概念一目瞭然，也有些是以漫畫、說故事的方式介紹。

我並不是學者，這本書當然也不是學術型的著作，不過，本書與彙整類的書籍又稍有不同，著重的是「如何在商務中實際運用」。此外，希望讀者閱讀本書時，不要在學習完理論後就滿足地闔上書籍，而是要內化為自己的知識，運用到新商品與服務的企劃，或是套用至設計提案中。我也期待讀者能跳脫方便性與效率的框架，在實務上有所創新。

本書以行為經濟學為主題，不過所有的說明都環繞在提供商品、服務的企業與使用者之間的關係。具體的特色如下：

- 從整體結構了解運作機制，而非學習單一理論
- 大量圖示，讓理論一看就懂
- 融入社會心理學與設計等觀點
- 說明如何運用至商品與服務中
- 讀者閱讀時能與實務連結，讓學習更有趣

我的專業是設計，而行為經濟學主要是透過持續閱讀和自學而來。本書所介紹的每個理論，都盡可能以原始出處，例如書籍來作為依據，並於卷末附上參考文獻的一覽表，這也代表我推薦這些書籍，歡迎讀者參考。此外，我也會站在設計師的角度，介紹研究與運用方式等概念。比起精通理論，我更希望讀者在閱讀時，能把重點放在如何實際應用。

本書結構

本書主要分為三個章節。

第一章將說明行為經濟學的整體「框架」，以圖的方式整理出企業與使用者在商品、服務中的關係，藉由對比人與機器間的差異，探討人會受到什麼影響，又會因此採取什麼行動。

接著在第二章中，會將人大致分類為八種取向，並根據行為經濟學、社會心理學、設計等理論，說明 39 種「偏誤」。本書將會梳理出整體概念與個別理論間的關聯性，並說明人為什麼會產生偏誤，又可以如何運用。

最後是第三章，我將以設計的觀點介紹實踐方法，使用「推力」這個行為經濟學的概念，說明改變使用者行為的方法有哪些種類，以及如何運用在實際的商品與服務。本書的目的並非只是介紹框架，提供商務上的實踐方法，而是期待讀者對於概念能融會貫通。

希望讀者能透過本書，感受行為經濟學與設計的魅力，並運用其中概念，創造出憑藉邏輯與理性分析所無法創造的、嶄新且令人期待的商品與服務。

那麼，就讓我們一起愉快地學習。

CONTENTS

第 1 章 . 框架

框架 1. 連結使用者與企業

框架 2. 掌握認知與行為的特徵

第 2 章 . 偏誤

偏誤 1. 人會考量到其他人

偏誤 2. 人會受到周遭的影響

偏誤 3. 人會依時間改變認知

偏誤 4. 人會意識到距離

偏誤5. 人會依條件改變選擇

偏誤6. 人會依框架理解

偏誤7. 人會依情緒反應

偏誤8. 人會受制於決定

第3章. 推力

推力1. 理解推力

推力2. 讓使用者展開行動

推力3. 設計商品與服務

第1章

框架

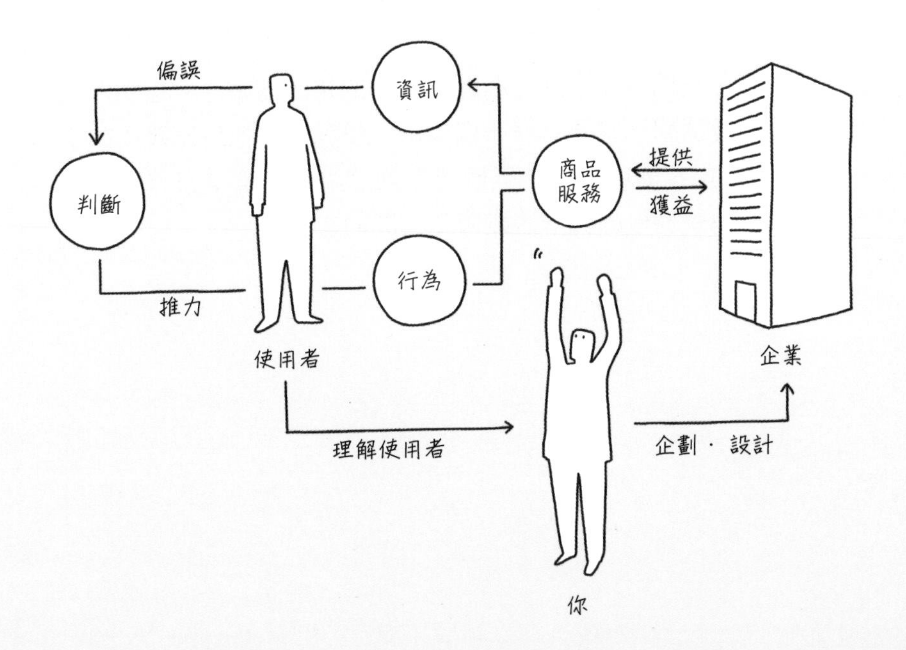

框架 1.

連結使用者與企業

在第一章，我們會先了解行為經濟學與商務的關聯性。想要深入理解行為經濟學一定要具備一個觀念，那就是「把目光聚焦在使用者」。公司裡的商務企劃與使用者的實際需求經常都有落差，而融入行為經濟學的概念將能消弭其間的差距。

01 追求方便性與效率的陷阱

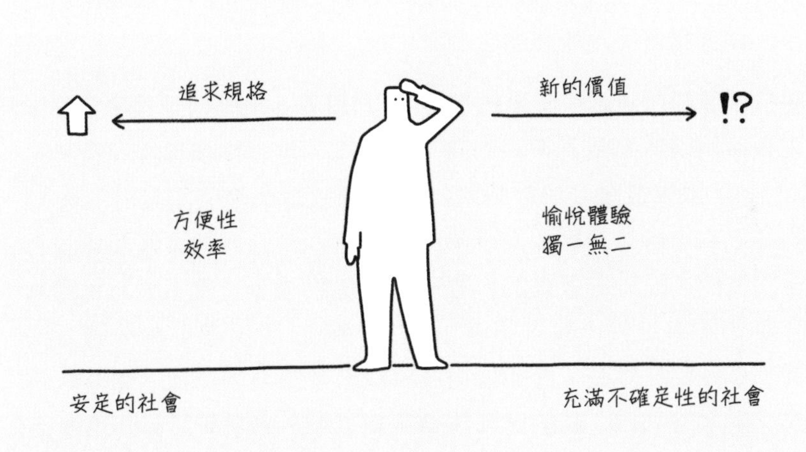

許多人說現代是個充滿不確定性的社會，也有許多人說，在這個環境下，所有的商業範疇都需要「創新」。然而，許多企業雖然高舉著「創新」的理想，卻沒有實際對創新展開行動。創新當然不易，不過，企業沒有展開創新的原因之一，應該是商品、服務的企劃、開發人員只著重於方便性和效率。

消費者關注 Starbucks 的商店與 Apple 的商品，並不盡然是受到價格、性能等規格面的條件影響，有可能是該地點對自己來說無可取代，或者是使用產品可以得到愉悅的感受。Starbucks 和 Apple 重新定義使用者從商品與服務感受到的價值，大幅改變了咖啡與數位裝置的市場。面對這種價值觀的變化，即使試著透過價格與性能與之抗衡，也會因為使用者的注意力根本不在此，而難以與之競爭。因此，能否在方便性與效率之外找到使用者重視的價值，可以說是商業上開啟創新局面的一大關鍵。

方便性與效率可以透過數值來衡量，但使用者對於商品與服務的要求，有更多是難以透過數值估算的。因此，相較於分析性的思考，未來企業必須採取假設性的思維觀察使用者的想法與行為，再由此展開商品、服務的企劃。

另外，隨著創新越來越受關注，「設計思考」也開始受到矚目，這也與使用者觀點受到重視有關。在日本，也有許多學校與企業在 2010 年以後實踐了設計思考，設計思考是一種使用設計師思維的方法論，讓各個職種與專業的人士可以跨越部門藩籬並共同合作。然而，設計思考真的大幅促進了創新嗎？其實不然。我認為問題並不出自於「設計思考」本身，將設計思考視為一種方法論，才是問題所在。許多公司與學校有著錯誤的認知，認為依序完成框架的流程，就能自動找到解決方案，這就是設計思考令人遺憾的現況。

進行設計思考之前，先深入了解使用者，應該才是更重要的吧？我們並非總是追求方便性與效率，人類是相當複雜，有時不按牌理出牌的有趣生物，一個人的時候會感到孤獨，被稱讚了會感到開心，有時也會因為表達方式不同，讓回應有了一百八十度的大轉變。因此，進行設計思考時最基本的態度是關注設計思考的對象，也就是使用者。

想要了解使用者，就必須具備研究的經驗與知識，觀察對方的想法、行為的意圖與背景因素。這不只代表我們需要學會觀察的技巧，也意味著我們必須從根本去了解人的特性。舉例來說，為什麼禁止孩子玩遊戲，孩子就會更想玩呢？思考這個問題時，除了眼前發生的現象外，也需要了解人的心理狀態、環境等因素。

這時候行為經濟學可以為我們帶來一些線索。了解行為經濟學後，就能從人的特性出發，了解「為什麼使用者會採取這樣的行動」。不要只停留在觀察階段，進一步思考「使用者想要什麼」，就能找出方便性與效率之外的價值，針對商品與服務也能獲得新的構想。如果你在公司負責的是某項企劃與設計，並且被要求創新，行為經濟學一定能有所助益。未來在商務上所需要的，是重視使用者、觀察並試圖了解使用者的心態，而不是透過框架進行的設計思考。

有助於商業實務的行為經濟學

學會運用行為經濟學，就能站在使用者的角度，提出創新的企劃與想法，這樣一來，無論是設計師或是企劃、開發人員，所提出的設計提案，都能以更寬廣的角度，誘導使用者採取行動，而不僅止於顏色、外型的設計。在商務上，行為經濟學有以下三個優點。

1. 打破完美設定

在工作上，無論是任何事情我們都經常被要求完美。思考新的服務企劃時，許多人傾向於依據數字說明提案的理由。此外，思考企劃內容時，也會不自覺開始設定理想中的使用者形象，或是建立沒有漏洞的商業模式。

我至今有過與許多公司合作企劃的經驗，我發現越會讀書、越認真的人，就越容易陷入這種思考模式。然而，實際上服務的使用者通常與想像中的不同，會更隨興、更憑感覺行事。對於這些「追求完美」的人士，行為經濟學可以帶來不同的觀點，除去對實際使用者的偏見，思索更具彈性的解決方案。

2. 理論得以實際應用

我在學校學習設計時，心理學是最受歡迎的學科之一。心理學中看不出相同長度的錯視效果、隱喻等都是相當有趣的概念，不過，這些概念很難實際應用在設計上，頂多只能運用於視覺設計上的小巧思。課堂上為之感動的學問，實際上卻未能充分應用，應該有不少設計師都有相同的感受。

行為經濟學比心理學更具實踐性，而且是從消費者，也就是使用者的角度思考。因此，行為經濟學有個特徵，當我們透過設計思考解決方案，以及企劃商品、服務時，它的理論相當容易套用。而且，行為經濟學在定位上屬於經濟學，因此有許多研究都與購買機率和營收直接相關。行為經濟學的魅力在於它可以實際在商務中實踐，而非僅止於抽象的理解。

3. 以邏輯的方式傳達感受

對於家人、朋友、戀人，我們經常會思考對方的感受，嘗試各種方法讓對方開心。不過，在商務上我們卻很容易忽略這點。這是因為商務的對象是眾多使用者，為了避免想法有所偏頗，有必要透過數字等資料客觀說明。相對的，難以透過數字呈現的「感受」面的資料，實務上就很難以邏輯的方式說明。

即便提案難以透過乍看之下不太合理的內容與數字呈現，只要有行為經濟學的理論佐證，就能夠有所依據地說明。像設計師這種喜歡思考新企劃的人，在商務場合中常給人邏輯性不足的印象，這種情況下就必須透過行為經濟學來佐證、說明。

那麼接下來，就讓我們具體來看行為經濟學與商務的關係。

03 站在使用者的角度思考

接下來我們將透過圖來說明行為經濟學與商品、服務有著什麼樣的關係。首先請看第一張圖（之後的內容將以這張圖為基礎來說明）。這張圖所呈現的是商業機制的一般性概念。

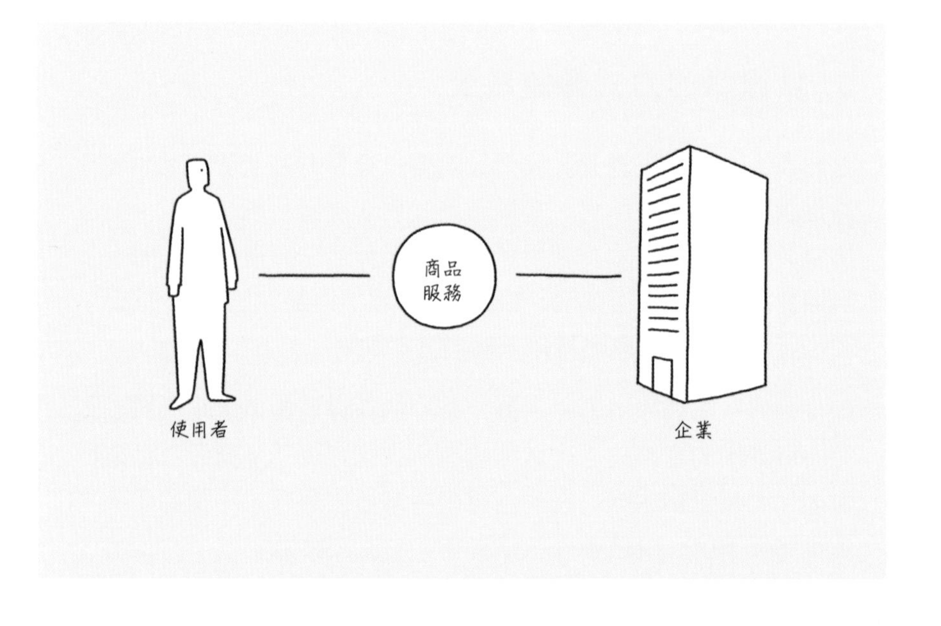

圖的左側是消費者／使用者，右側則是供應者／企業。使用者與企業之間的商品、服務將兩者串連在一起。企業端透過企劃、設計創造商品與服務，並提供給使用者。使用者若是對商品與服務有興趣，就會願意使用。而營收與使用費則會回饋到企業端，作為使用的對價，這就是兩者之間產生的關係。

然而，企業提供的商品與服務，使用者並不一定會買單。請看第二張圖。

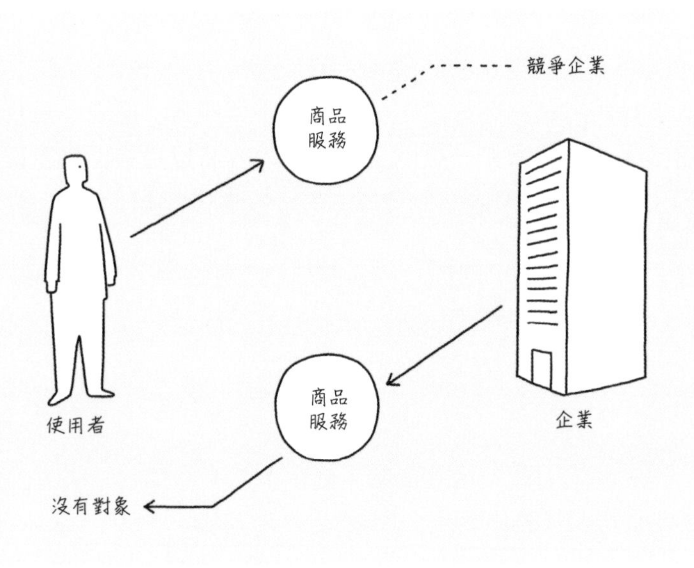

只站在企業的立場來創造商品與服務，可能導致不受使用者青睞的結果（沒有市場需求）。舉例來說，有許多商品是技術人員依照自己的理想設計，一味追求多功能與高性能的結果，是使用者覺得難以上手，且沒有意願使用。有時候使用者其實更重視其他價值，而這個價值已經有別的競爭企業提供了，這個競爭企業甚至可能屬於完全不同的產業。如果是物質匱乏、較不便利的環境，較高的方便性與效率將能吸引使用者，不過，現代社會有著多元的商品與服務，而且是個充滿不確定性的時代，因此影響使用者喜好的因素又更加複雜。

所以，我們必須跳脫賣方觀點的理論，站在使用者的立場思考。第三張圖是從使用者的觀點思考商品與服務的流程。

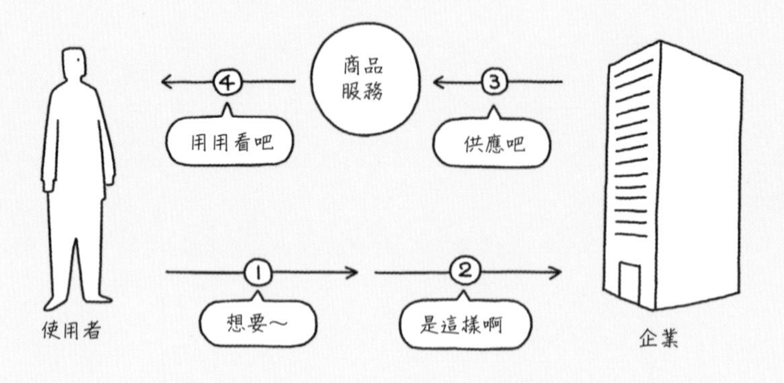

首先是從觀察①的使用者開始，使用者並不能預知未來，因此，直接問他們「想要什麼？」，他們也無法回答。

因此，我們要觀察使用者日常中的行為與思考方式，找出他們的喜好。觀察後如果有所發現，就要②嘗試思考原因，這時候行為經濟學將派上用場。找到原因後，就要③思考解決方法，並套用至商品與服務上。經過這個流程後，④使用者會產生「嘗試看看」的意願並採取行動，這將串起兩者間的關係。時代與環境經常都在改變，因此，我們必須持續關注使用者，一旦彼此之間的想法產生落差，就要修正產品與服務，小心維護與使用者之間的關係。

到目前為止，我說明了站在使用者立場思考的重要性。接下來就讓我們進一步了解使用者與行為經濟學之間的關聯性。

框架 2.

掌握認知與行為的特徵

行為經濟學這門學問著重於思考慣性、非理性等人類特性與經濟（商務）之間的關聯性。這裡將比較使用者（人）與機器，釐清其中差異，並且針對與商品、服務相關的認知與行為，以圖歸納出整體的概念，說明行為經濟學的理論與實踐之實務應用。

04 人與機器的差異

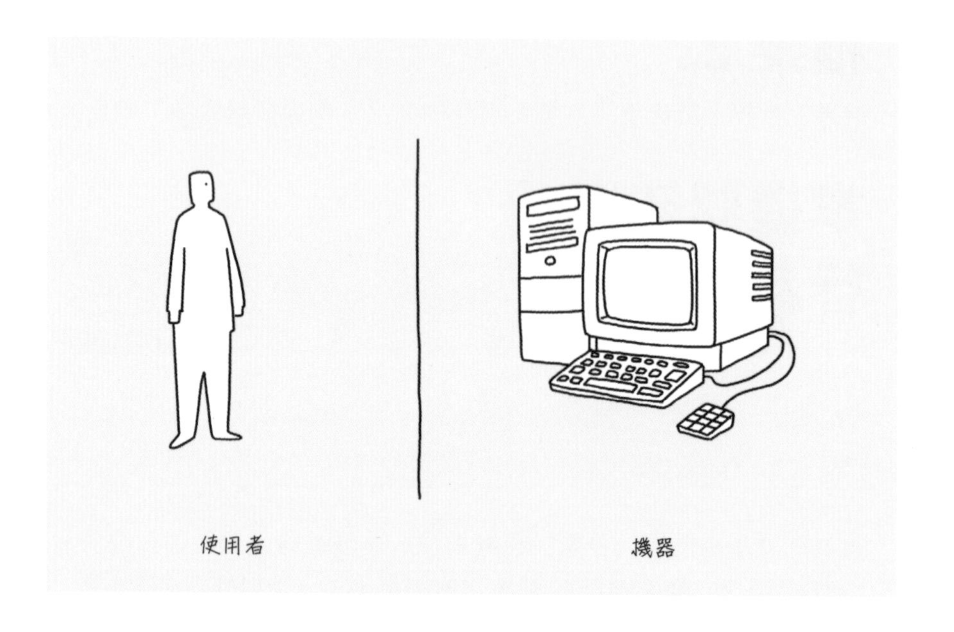

使用商品與服務的是人（使用者），而非機器，這一點非常重要。理解這項差異是行為經濟學的第一步。

一直以來，經濟學好像都將人視為機器一樣。這裡所說的機器，請想成是不具人工智慧與學習功能的 20 世紀計算機與產業機器人。機器接受資訊後，可以依據程式化的處理，在任何時候給出相同的結果。另一方面，行為經濟學則是以人性為前提，人即使接收到資訊，也會因為當下的心情或周遭環境的影響而做出不同的反應。

到目前為止，經濟學是採用相當合乎邏輯的思考方式。其前提是人就像機器一樣，總是可以冷靜做出最好的判斷，並未將人的情感納入考量。反之，行為經濟學的前提是人會受到環境與感情等影響。

同樣的，再讓我們思考商務上的情境。提供商品與服務的公司，對於消費者很容易抱持完美的想像，打從心底認為「功能多對消費者一定比較好」、「設計很符合邏輯，消費者不可能會弄錯的」。結果，世界上就出現了許多不理想的商品，例如按鍵太多，不易上手，以及太難操作、過程中一直出現錯誤的申請文件與操作畫面等。

會出現這些問題，完全是因為企業將使用者，也就是人視作機器。比起將商品排列整齊的店家，陳列著預料外的商品，或是有如迷宮般的店內路徑，對使用者來說可能更具吸引力。有時候，使用者更偏好不按牌理出牌。

讓我舉一個行為經濟學的著名案例。「展望理論」這項研究將人對於得失的感受明確化。假設一個人有 50% 的機率獲得 1000 元或失去 1000 元，若以邏輯來思考，機會跟風險是相同的，但是實際上人卻更看重損失的部分，因此會這麼思考：如果有失去 1000 元的風險，那麼不要接受比較好。許多的研究都在觀察這種與機器截然不同、人類才有的獨特行為。

行為經濟學是以使用者，也就是人類為出發點。如果能仔細觀察實際的使用者，想像使用者使用的方式與心情，應該就能創造出受青睞的商品與服務。進行設計時，也要在事先思考使用對象是誰，並仔細在腦中描繪出商品與服務。即使產品看起來再怎麼厲害，如果使用者覺得難用，就稱不上是好的設計。由此可見，行為經濟學與設計的共通點是了解使用者，而不是機器，並從使用者的角度出發，考量使用者的感受。

認知的流程

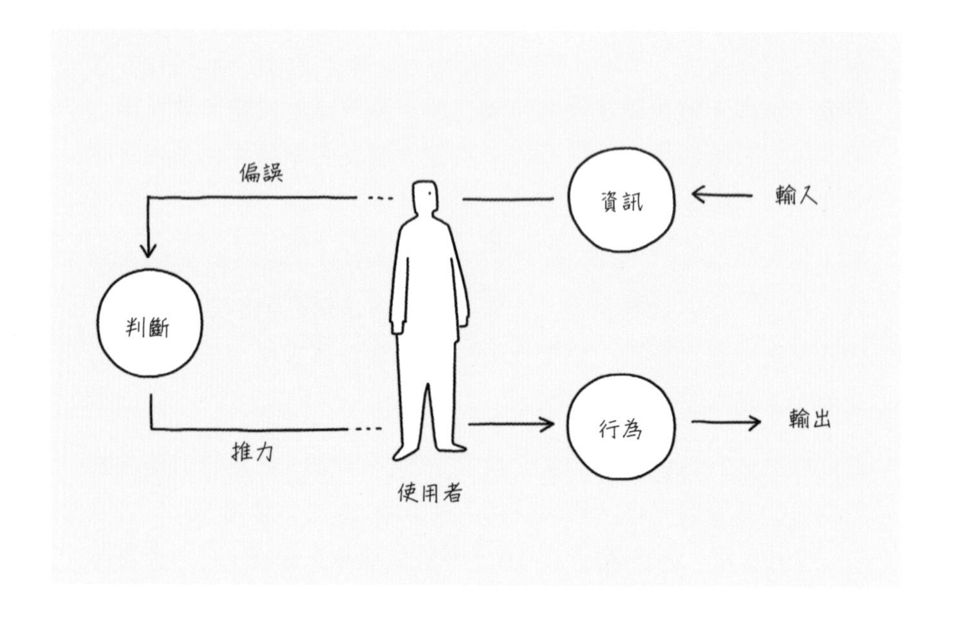

接下來我們要從認知流程來看人與機器的差異。

無論是人或是機器，認知的流程都大約可以分為三個步驟。一開始會由外部輸入資訊、接收資訊，接著依據接收到的資訊進行判斷，判斷完成後，則會以行動來輸出。這三個步驟中，人與機器的理解方式與反應方式各有不同。

首先是輸入的資訊，人類主要是五官感受，例如言語、味道、撞擊等。機器接受的則是既定的輸入訊號，相較之下人的情況更為複雜。即使是相同的資訊，對方的立場與表達方式不同，言語給人的印象就會改變，而聽到話語的時間點、周遭環境、聽話時旁邊有誰、對自己有什麼好處等，所有條件都算是資訊。

接下來要進行判斷。同樣的道理，機器是依據設定的程式來選擇、回答，因此每次都會產生同樣的判斷。資訊不足而無法判斷時，則會終止動作並停止計算。相對的，人會接受到許多資訊，因此在判斷時會受到許多因素影響。此外，人也會關注自身心情和與周遭的關係等，例如生氣時會採取與平時不同的思考方式，或是對自己沒自信因此在乎他人意見，人在不同的情境下會做出不同的判斷。

最後，做出判斷後就會展開行動。如果是機器，就會像計算機一樣，在任何時候對於相同的輸入內容輸出同樣的結果，不過人的判斷與行為卻未必能夠一致。明明知道不能買，受到現場氛圍影響卻連不需要的東西都買下，這樣的情況應該相當常見。由此可見，人與機器在不同階段中的理解方式與回應都全然不同。

再來讓我們看看圖中三個階段間的兩條線。在資訊與判斷之間的是「偏誤」，不同於機器，人會受到各種資訊的影響，而且每個人也會有自己的思考慣性，這個部分牽涉到許多行為經濟學的理論。另一方面，在判斷與行動之間，則可以試圖影響使用者。藉由提供條件與選項等方式，可以誘導使用者改變行為，這個部分屬於行為經濟學中的「推力」（Nudge）概念。

開發商品、服務時，如果想跳脫方便性與效率的思考框架，就一定要了解偏誤、推力這兩個概念。了解偏誤的機制，就能知道如何才能提供使用者想要的資訊，而使用推力進行設計，將能夠誘導使用者採取理想中的行為。

那麼，接下來我將分別介紹偏誤與推力。

06 8個偏誤

由於行為經濟學的整體概念很難掌握，因此人們通常認為它是一門困難的學問。行為經濟學有很多針對個別理論的研究，不過，很少書籍是對個別理論加以分類，或是統整其中的關聯性。

基本的歸納方式，有丹尼爾．康納曼所提倡的分類方式，分類為系統 1、系統 2。行為經濟學名著《快思慢想》的分類是系統 1：快速思考＝直覺，系統 2：仔細思考＝深思熟慮。行為經濟學的理論中，有許多內容都是屬於系統 1 的快速思考，不過，系統 1 的各個理論間有著什麼樣的關係，對不是學者的我們來說有些難以理解。

因此，本書試著從「人究竟會受到什麼所影響」的問題出發，來對行為經濟學的理論加以分類。這個分類方法並沒有明確的定義與根據，是筆者站在使用者的角度，以實務應用為目的思考後，整理出的 8 種偏誤。

- 偏誤 1. 人會考量到其他人
- 偏誤 2. 人會受到周遭的影響
- 偏誤 3. 人會依時間改變認知
- 偏誤 4. 人會意識到距離
- 偏誤 5. 人會依條件改變選擇
- 偏誤 6. 人會依框架理解
- 偏誤 7. 人會依情緒反應
- 偏誤 8. 人會受制於決定

第二章將會分別詳細介紹，這裡會以兩大因素分別介紹 8 種偏誤的定位。

偏誤 1 ～ 4 為環境因素，與社會環境、生活中的影響有關。機器在任何環境下都無法掌握當下的氛圍，但人則非如此。眼前的對象、周遭的人、時間與空間的距離，都會影響認知的方法與判斷。

偏誤 5 ～ 8 則屬於心理因素，在這個狀態下人會對輸入的資訊進行過濾。比起機器，人接受到的資訊更多，因此會影響到所做的判斷。思考時的前提條件、思考的框架、當下的心情與過去的決策，都會產生影響。

有了這樣的整體概念後，即使未能了解所有的行為經濟學理論，也可以推敲出是什麼因素影響了使用者，甚至可能找到新的偏誤因素，即使該偏誤還沒有相關的理論。

要在商業情境中找出偏誤，最重要的是要先觀察使用者。若是腦中有些概念，即使是隨意觀察時難以察覺到的事，應該也能有許多發現，而這 8 個偏誤其實就相當於觀察使用者時的確認事項。

07 4個推力

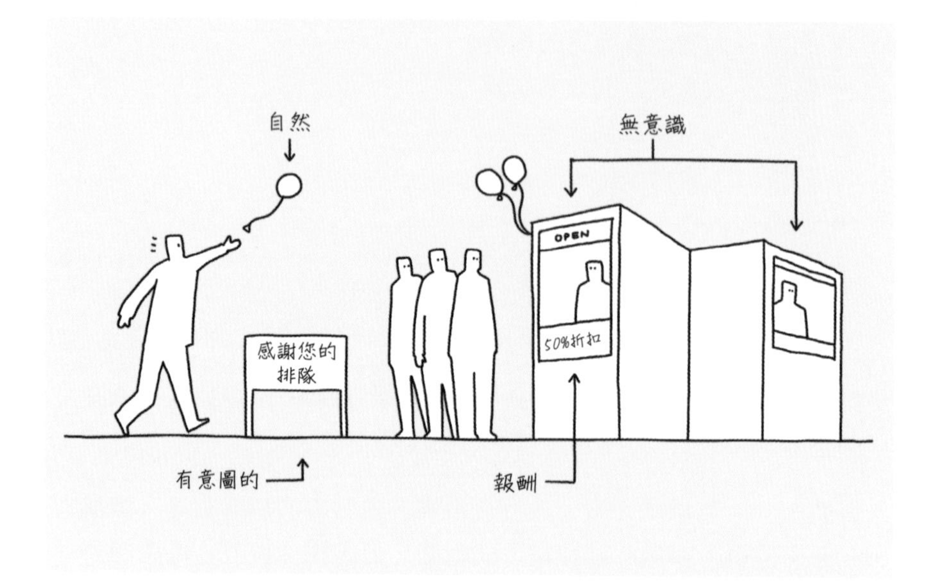

在「偏誤」的部分，我試著以輸入的觀點歸納出使用者與行為經濟學間的關係。而接下來將以輸出的觀點，針對誘導使用者採取理想中選擇與行為的「推力」，介紹其背後的機制與方法。

「推力」是由 2017 年的諾貝爾獎得主理查・賽勒以及凱斯・桑思坦所提倡，就像用手肘輕推（Nudge）的概念。推力的特徵是它屬於非強制的手段，可以讓使用者在未留意的情況下自然採取行動。不過，雖然它不具強制性，還是有可能會遭到惡意使用，因此在運用推力時，符合道德觀與社會價值觀是必要的前提。

推力是一種實踐技巧，用來誘導使用者採取行動，由於是將某種意圖加入至商品與服務中，因此推力也算是一種設計。設計並不只是顏色、外型的設計，它還可以應用到各種不同的領域，像是言語的表達方式、服務的流程、商品策略等。以推力誘導消費者採取行動的方法，大概可以分為四種：

- 預設值（無意識地誘導）
- 機關（自然地誘導）
- 標籤（有目的地誘導）
- 誘因（以報酬誘導）

預設值與機關是不太會讓使用者意識到其存在的推力。最簡單的方法是採用預設值的設定，讓使用者不需選擇。一開始就有預設選項，使用者就不必再思考、決定，可以很輕鬆地做出行動。有個例子讓推力變得相當有名，那就是荷蘭機場中男廁的蒼蠅貼紙，藉由讓使用者瞄準小便斗的蒼蠅，達到保持廁所清潔的效果。在不強制規範使用者，使用者也幾乎沒有留意到的情況下，就能誘導使用者採取對使用端與企業端雙方都較理想的行為。

相較於此，標籤與誘因這兩種推力則是讓使用者意識到它的存在，並交由使用者自行選擇。使用標籤的例子有在廁所中張貼「謝謝您總是保持廁所清潔」，藉由這個方式誘導使用者採取符合期望的行為。雖然不具強制性，不過比起蒼蠅貼紙，這個方法更直接影響使用者的意識。還有一個更直接的方法，就是提供金錢等報酬作為誘因，如果能夠提供不錯的選擇，讓使用者的滿意度提升，企業與使用者之間的關係就能跳脫單純的利益關係。

推力是否能發揮效果與解決方案的構想高度相關。相同的推力在不同的情境、狀況下會帶給人不同的印象，即便是一個不同的小巧思，也會影響使用者採取行動的意願。推力的實際應用方式將在第三章詳細說明。

08 透過偏誤與推力改變行為

讓我們試著整理到目前為止的內容。行為經濟學重視的不只是方便性、效率等規格條件，它是透過讓人們感到喜歡、感覺愉悅，讓使用者行為產生改變的一門學問。而且行為經濟學與設計的共通之處，是兩者都是站在使用者的立場思考。使用者是人而不是機器，會受到環境與情感的影響，在輸入與輸出的過程中，人也會做出不同於機器的反應。輸入時，有 8 個偏誤會影響接收資訊時的認知，輸出時則有 4 個推力誘導使用者採取行動。

下圖統整了這些流程。

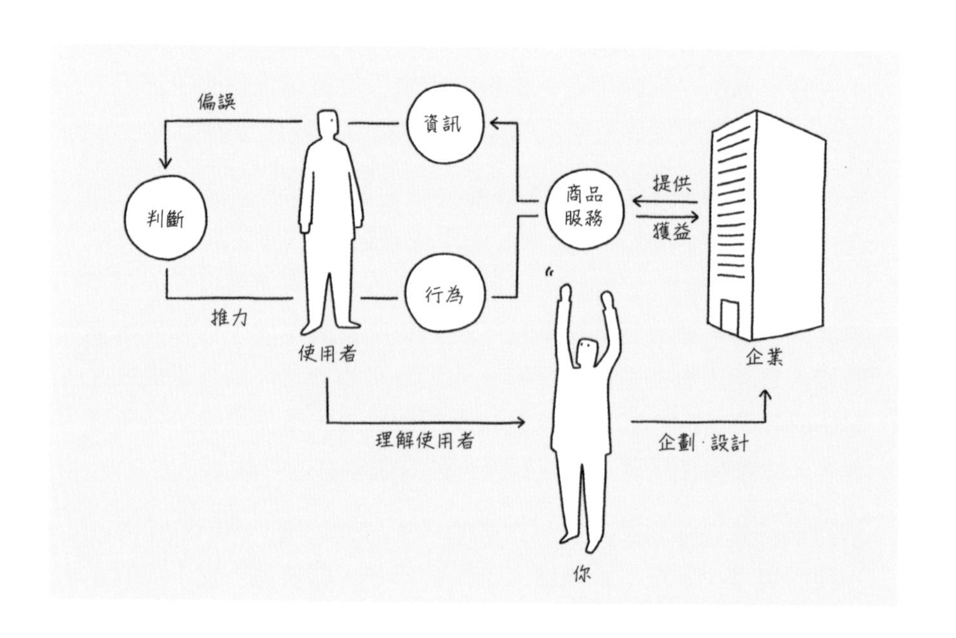

讓我們逐一說明。首先，商品與服務連結了使用者與企業，再來使用者會接收到與企業端設計的商品、服務之相關資訊，而過程中可能會受到某個偏誤的影響。偏誤的種類共有八種，包含與對象、周遭環境、時間、距離有關的環境因素，以及與條件、框架、心情、決策有關的心理因素。人接收資訊的情境中就存在著這些因素，而使用者對商品、服務的印象會分別受到這些因素影響而改變。另外，使用者在採取某項行動的過程中也會受到推力的影響，透過推力影響使用者的方法有四種，分別是無意識地誘導、自然地誘導、有目的地誘導、以報酬誘導。當使用者有意願選用商品、服務時，再透過推力來推使用者一把，就可能改變使用者採取行動的意願。

如果是機器，接收到相同的資訊會做出同樣的回應，並且會在完全不受推力的影響下採取既定行動，因此在預測供應商品、服務的營收時會相當容易。不過使用者是人，會受到資訊、判斷、行為間的偏誤與推力的影響而產生不同結果，這樣一來對於結果就難以精準預測。

企劃、設計商品與服務時，單純以機器也能判斷的條件，像是方便性與效率等來思考並不足夠。從這個圖可以得知，我們必須了解使用者身處的情境與心情後再傳遞資訊，構思能夠推動使用者採取行動的機制。活用偏誤與推力將能有效改善結果，例如企業的營收、使用者對產品與服務的評論等，這對於以使用者為對象的企業來說雖然困難，但也是相當有趣的一件事。設計商品與服務時不要著重在規格條件，而是要站在使用者的立場，思考「使用者在接收到商品資訊後會留下什麼印象？」、「什麼樣的因素能讓使用者拿起商品？」。

順帶一提，你的位置就在圖中商品與服務的下方，如果你負責的是企劃、設計商品與服務，就不應該躲藏在企業的後方，一定要站在使用者與企業之間。待在企業後方不僅無法正確地聽見、看見使用者的聲音與行為，思考時也經常會從企業（公司）的角度出發，這樣一來將更難企劃、設計出符合使用者期待的商品與服務。了解使用者，再轉換為具體的企劃與設計，才可能與使用者產生連結。因此，思考時請試著跳脫公司這個組織的框架，走出辦公室，讓自己更加貼近使用者。

第一章介紹了行為經濟學與設計間的關係，以圖歸納出使用者、商品與服務、企業之間各存在著什麼影響因素，並且試著對行為經濟學進行一番整理，讓讀者掌握實務應用的整體概念。接下來我們將在第二章、第三章分別詳細介紹 8 個偏誤，以及 4 個推力與實踐的方式。

第 2 章

偏誤

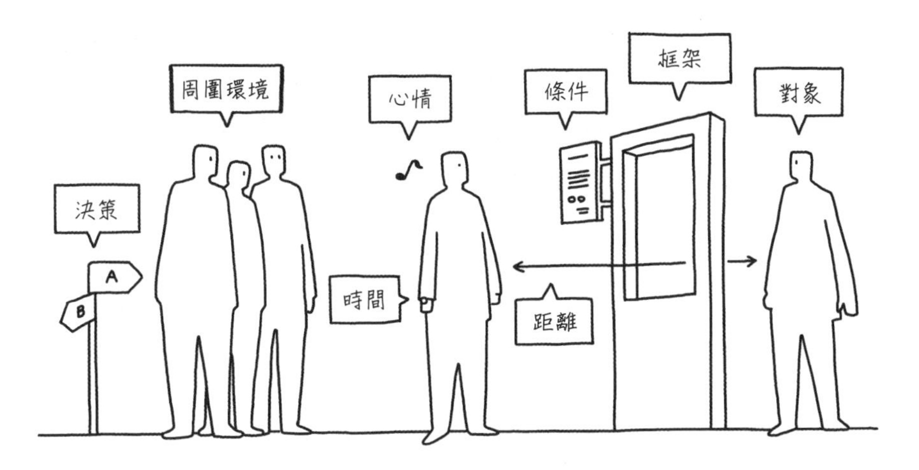

偏誤 1.

人會考量到其他人

如果有人一直看著自己，應該很難不去注意。人在採取行動時，並非總是以自我為優先，而是會考量到其他人。人與人之間有時互相合作、成長，有時則反過來相互碰撞、衝突。如果能有效運用對方所處立場，就能讓使用者採取理想中的行為。

同儕效應（一起的話就能努力）

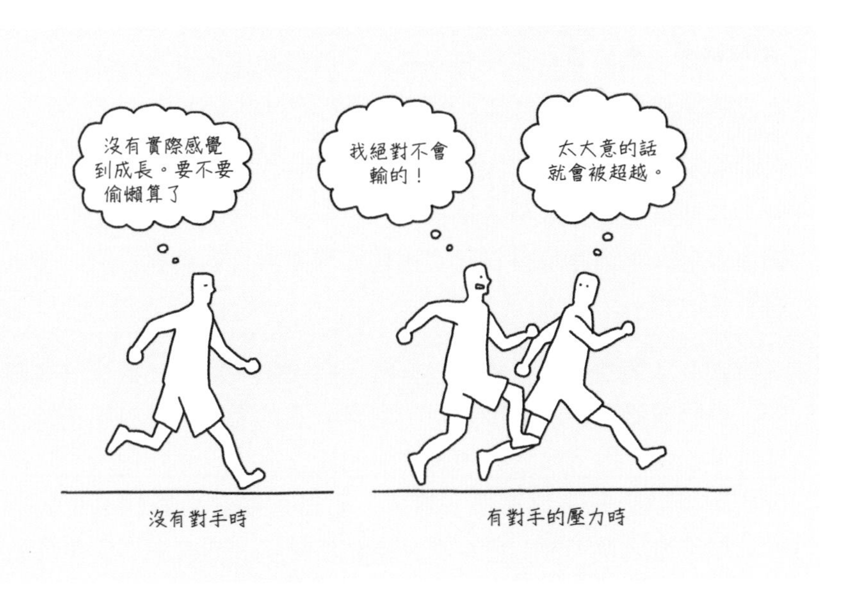

概要

- 有對手的適度壓力，能讓表現提升
- 與競爭對手要程度相當、屬於橫向關係
- 即使在競爭下也要把注意力放在自己身上，而不是對手

行為的特徵

為什麼 100 公尺短跑不是一個人跑？原因是如果和某個人一起，就能共同努力，表現也會有所提升。這種旁邊有人就會更努力的

現象稱為「同儕效應」，注意是同儕 Peer，而不是 Pair（一對）。同儕的意思是年齡、地位、能力等條件皆相當的同事與夥伴。同儕效應是夥伴、同事、競爭對手受到彼此的表現影響，產生不服輸的意識，最後讓表現有所提升。

1898 年進行的實驗中，發現在單車競賽裡，比起一個人騎，有競爭對手時參賽者的速度更快。之後同儕效應也多次受到實驗證明。就算不是競爭，只是有人關注，同儕效應也會發揮作用，讓人更想要積極地展開行動，因此會導向更好的結果。

在觀察超市店員的例子中，我們了解當某個店員結帳的效率提升，其他員工的效率也會稍微提升，不過，雖然對方關注自己時效率會提升，但是只有自己看到對方，對方看不到自己時，效率將不會改變。

在觀察游泳選手的例子中可以看到一個現象，對方是否比自己優秀，會影響到選手的速度表現。當身旁的選手游得比自己慢時就能游得很快，但是當對方的速度明顯比自己快得多，則泳速甚至會比單獨游泳時來得更慢。不過，如果是不容易看到前方的仰式，就不會出現同儕效應。另外也能觀察到一個現象，當優秀的選手轉入某個團隊時，會為原本團隊中的選手帶來良性刺激，使得泳速有所提升。

也就是說，同儕效應是一種適度的壓力，雖然稍有輕忽有可能會輸，不過努力的話或許就能贏。社會上許多情境中都能觀察到類似範例，會採取適度壓力、調整適中的難度。

- 百米賽跑、游泳、競馬等運動競賽
- 爵士演奏中的即興合奏
- 以成績決定座位的補習班
- 職場的同事（會暗自關注同期的競爭對手）
- 汽車等相同業界的企業間競爭
- 結對程式設計（以兩人一組的方式工作）

程度相當（努力就能超越）的對手能夠促進成長與競爭。然而，過度的競爭意識會讓人傾向於將注意力放在攻擊對手，採取與自我成長無關的行動。舉例來說，如果是與對手相互競爭、成長的運動選手，那麼同儕效應的確會發生作用，不過，如果是一個試著找出對手的弱點，想要藉由升遷凸顯彼此差距的上班族，同儕效應就不會發揮作用。由此可知，即使有對手也要時常將注意力放在自己身上，這點相當重要。不要忘記，除了勝負的指標之外，也必須提供可以實際感受到自我成長與提升的指標。

應用方法

應用 1. 與不認識的人連結

2015 年發布的應用程式「Minchalle（みんチャレ）」將具有相同目標的 5 個人分為一組，藉由分享彼此進展，讓人們不再三分鐘熱度。這個應用程式並不僅止於概念，連細節的設計都包含了促發同儕效應的機制。舉例來說，以五人為一組而不是兩人一組，這樣一定會有人給予回應，由於彼此並不相識，比較不會有串通、矇混的情況，這些都能給予使用者適度的壓力。

應用 2. 和程度與自己相似的人連結

線上語言學習服務「Duolingo」有個機制，讓相同程度的使用者互相競爭點數。雖然一個人經常難以持續，不過要是跟比自己厲害的人一起，很可能反而會感到氣餒。努力的過程中可以和程度與自己相似的人比較，這樣一來會產生「我不會輸的！」的想法，提升想要成長的欲望。與程度相當的人競爭，這和偏誤 7 所介紹的遊戲化也高度相關。

應用 3. 活用自己的紀錄

任天堂的遊戲「瑪利歐賽車」有個「幽靈車手」功能，讓玩家可以和以前自己的紀錄一較高下。現實中我們很難跟自己競爭，不過活用數位技術，就能讓自己也同時登場，讓自己成為競爭對手。其他也有許多例子，像是自己以往運動、考試的紀錄與成績能夠激發想要超越自我的欲望。競爭對象如果是自己就很難再有藉口了，也可以了解自己的習性，好處不勝枚舉。我們的競爭對手就是自己。

10 社會偏好（體貼對方）

概要

- 如果有其他人，就會想要分享部分給對方
- 自己的個性、與對方的利害關係，會影響對待對方的方式
- 越有餘裕的人，會更傾向於利他主義

行為的特徵

日本人特別擅長觀察對方與周遭氛圍，這種採取行動時會為對方著想的行為，稱為「社會偏好」。

有個實驗稱為「獨裁者賽局」，它的設計是為了讓我們能更了解社會偏好。獨裁者賽局是一個單純的測試，受試者要決定自己與對方各能收到多少金錢。如果是利己主義者，理論上連一塊錢也不會給對方，然而實驗發現，大多數的人都傾向於給對分部分金額。假如金額為一萬元時，會自己拿七千元，分給對方三千元。有趣的是，有些人在給出金錢後，手邊剩餘的金額如果高於七成，就會因為拿太多而感到不舒坦，而據說有些人如果收到低於三成的金額，就會覺得「算了，那不必給我了」。

體貼對方的程度會因人的「個性」與「情境」而異。在個性上的差異，有些人是以自我為中心，總是想贏，也有些人看重的是對方與所有人的幸福。再加上不同的情境後，人會體現出不同的心情，像是想要打敗對方、想要公平、想要禮讓等等。

將不同的條件組合後可以將人分為幾種傾向，像是較具掠奪性、傾向於均衡分配、輸了就會不甘心而想要反擊、無論輸贏都想比出個結果，以及無論如何都希望對方好的人。因此，社會偏好並不是無條件地對每個人好，但是相較於只有自己一人，有其他人的時候比較會抑制利己主義的思考方式。

要讓社會偏好發揮作用，人對於社會一定要有歸屬感與安全感。因為一個人如果自顧不暇，就很難再去體貼對方。知名心理學家馬斯洛曾提出需求層次理論，而馬斯洛晚年又在第五階段的自我實現之後加上第六階段的「自我超越」，在自我超越的階段，人會更加關注其他人與社會。從這個概念看來，滿足五個階段讓人更容易體貼別人，反過來說，五個階段沒有得到滿足，尤其是最基礎的生理需求與安全需求沒有充分獲得滿足的情況下，社會偏好就不會發揮作用。在經濟狀況較不穩定或是犯罪率較高的地區，人們並沒有餘力去關切其他人，因此很難再去關注環境問題與互相幫助等議題。由此可見，社會偏好發生作用的前提是人們必須得心有餘力。

應用方法

應用 1. 把問題變成大家的

傳達「珍惜資源」這項訊息時，再加上一句「為了我們的環境」或是「為了我們的下一代」，將會提升人們的利他意識。對於較具公共性的議題提出訴求時，把主詞改成 We 將能發揮社會偏好的作用。順帶一提，披頭四後期的歌曲經常可以見到以 We 為主詞的歌詞。

應用 2. 讓使用者看到對方的臉

看到對方的臉，就會想要採取關切對方的行動。例如看到困擾的表情會想要幫忙，看到開心的表情時不想讓對方難過，不想讓對方所做的努力白費等。要讓人覺得一件事切身相關時要使用主詞 We，不過如果要讓人採取具體行動，以 He/She 提出訴求會有較好的效果。

應用 3. 搶先輸入資訊

人在聽到多數人的意見後，會受到周圍影響而難以說出自己的意見。希望對方的發言與行為能與自己的意見相符，就搶先輸入資訊吧。相反的，如果希望他人表達真實的想法，不要事先輸入資訊會比較理想。

應用 4.「伴手禮」的作用

旅遊時購買伴手禮跟家人、朋友、同事分享，是為了將自己的心情分享給對方，這正是社會偏好。即使不是旅遊，而是將部分的服務提供給使用者體驗，使用者也會抱著分享伴手禮的心情，想要分享給好友，這樣一來就可以讓更多人對服務感興趣。外送服務中的小費機制，也屬於這裡所說的分享。

應用 5. 提供對話的機會

若彼此的想法不同，有時可以透過對話讓對方的想法改變。站在對方的立場，以「互相」的角度思考，就能縱觀全局，做出更好的選擇。尤其是面對複雜的問題時，一定要提供對話的機會，不要只以多數決等數字性指標做決定。

互惠性（必須予以回報）

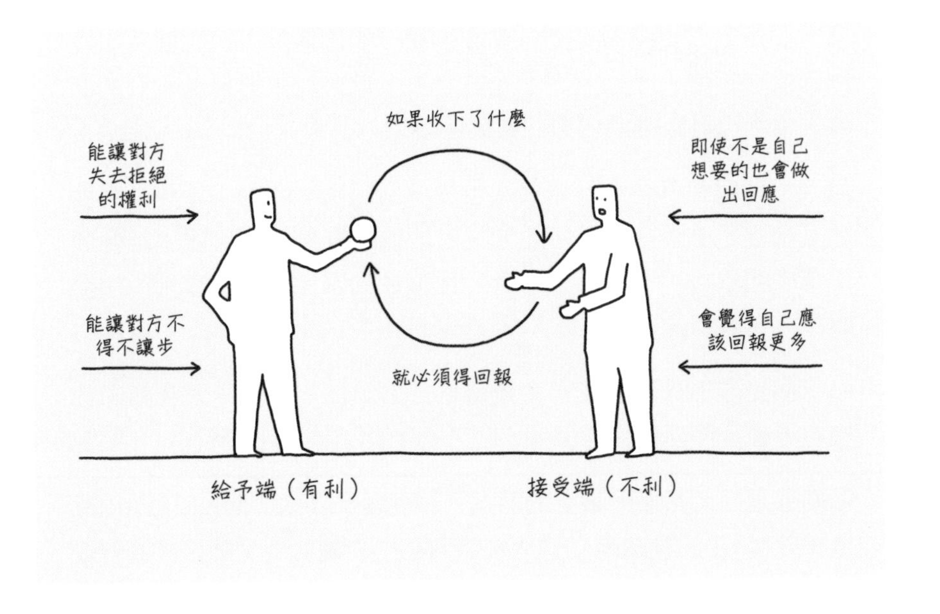

概要

- 收下了什麼以後就會想要予以回報
- 互惠性對於給予端有利，對接受端則不利
- 給予、接受的關係太過鮮明時，將無法建立對等的關係

行為的特徵

當對方給了自己什麼，自己也會想要予以回報，這樣的關係就稱為互惠性，簡單來說就是一種「歸還」的習慣。互惠性主要是與

產生交換行為的社會性活動有關，像是權貴間的禮尚往來與貿易、旅行的伴手禮、免費樣品的提供等。

不過，互惠性也有必須注意的地方，那就是交換時彼此的關係並不對等，「免費的最貴」這句話充分表達出互惠性的風險。以下將舉出四個不對等關係所帶來的具體影響。

第一個是失去拒絕的權利。有些事在一般的情況下明明就可以冷靜判斷、拒絕，一旦收下了什麼之後，就會產生對自己不利的條件，使自己難以拒絕對方的某個小請求。

第二個是即使不是自己想要的也會做出回應。收到不想要的東西時互惠性也會發揮作用，並非只有收到想要東西的時候。就像收下伴手禮以後，不管喜不喜歡，互惠性的關係都已經產生，接受端是沒有選擇的。

第三個是收下什麼之後，會覺得自己必須回報更多。人會傾向於給得更多，而非等價的回報。

第四個是陷入不得不讓步的情況。「Door In The Face Effect（留面子效應）」的說法是從登門拜訪時在門口進行對話而來，這個技巧是在對話開始時先提出一個對方絕對不會接受的要求，如果對方拒絕，接下來再提出一個較小的要求，這樣一來對方會產生「好吧，如果只是這樣的話……」的想法而接受。因為一開始拒絕了，所以會覺得接下來一定得回報些什麼。

互惠性很容易形成不對等的關係，不過，使用者期待能與提供商品、服務的企業關係對等。彼此的關係越是對等，使用者越傾向於長期使用，因此企業在提供商品與服務時，一定要留意建構健全的關係，不要讓使用者感覺與企業間有上下之分，或是讓任一方產生虧欠感。工作上也是一樣，雙方是「同心協力的夥伴關係」還是「下單與接單的關係」，都會影響到彼此是否能長期合作。

應用方法

應用 1. 先表達感謝

有時候廁所會出現「謝謝您總是保持廁所清潔」的標示，這也屬於互惠性的一種。一開始先表達感謝，那麼使用者會感到必須有所回應，因而產生「使用時一定得維持清潔」的想法。表達感謝的時機包含說明書、入口、使用的起始畫面等，可以運用各種物品、情境中最開始的時機。

應用 2. 當場讓事情劃下句點

太常使用讓人意識到互惠性的話語，例如「敬請期待」等，一旦使用者沒有感受到相應的回報時很有可能會產生失望的感受，這樣一來彼此將難以維持對等的關係。想要透過商品、服務向使用者提供些什麼的時候，只要單純的一句「謝謝您」，不要讓使用者對未來抱持太多期待會比較理想。

應用 3. 互相回饋

二十一世紀的服務已經從單純的商品買賣走向與使用者建立長期關係，讓使用者持續使用的商業模式。較具代表性的有定期付費購買這類的訂閱制，為了維持與使用者的關係，要了解使用者的反應，再透過品質改善、贈禮的方式回饋給使用者，這種相互關係是不可或缺的，並非只要單方面持續提供商品與服務就可以。使用互惠性時一定要留意互惠性是否為常態（是否有不斷循環？）。

12 空想性錯視（臉的力量）

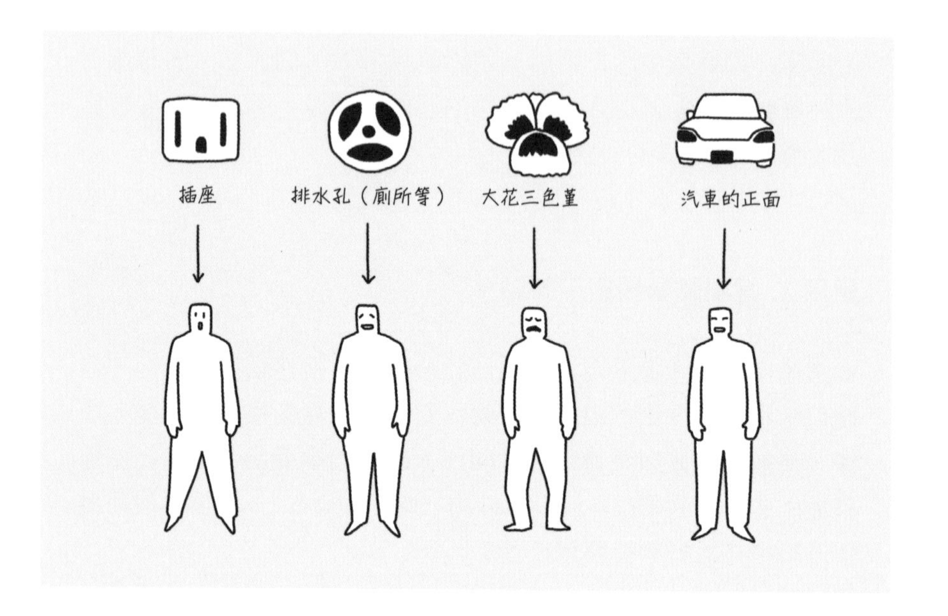

概要

- 人會特別注意到「人臉」圖型
- 物品如果看似人臉，就會使人產生親近感
- 兩人對視後，就會受對方的步調影響

行為的特徵

人最感興趣的對象就是「人」，因此，「人」作為海報設計與宣傳的素材是相當有效的，不過有時也帶有風險。

觀察電車中的廣告，應該可以發現幾乎所有的海報上都印有人臉，雖然內容大部分都與人沒有什麼關係，不過有人臉的海報比起沒有人臉的海報更能吸引注意力，給人留下印象。這就是人臉的魅力。

除了人臉之外，人也會在植物、人造物上尋找人臉的元素，有時候花朵、汽車正面、插座孔等看起來都像人臉。只要有三個點排成倒三角形看起來就像人臉，這種錯覺稱為「空想性錯視」，而人一旦看到人臉就會產生好感。舉例來說，在杯子或椅子上畫上看似眼睛、嘴巴的點和線，這樣一來沒有生命的物品也會讓人感覺像是朋友似的。在家用電腦廣為普及之前，Mac 的作業軟體也在電腦螢幕上使用人臉圖示，其目的是透過人臉拉近與使用者的距離，告訴使用者「電腦不可怕，電腦是你的好朋友！」。

另一方面，人臉甚至可能有著控制他人的力量。松田行正的書籍《裁者のデザイン—ヒトラー、ムッソリーニ、スターリン、毛沢東の手法》（暫譯：《獨裁者的設計—希特勒、墨索里尼、史達林、毛澤東的手法》）指出，以往帝國時代的廣告海報通常有著巨大的人臉，而人臉中的眼神又特別有力量，人臉在上頭瞪視著前方，搭配一句簡短的話語，這種構圖讓海報受眾覺得自己好像逃不掉，而且總是受到監視。這樣的情況不只發生在過去，如今的選舉與政黨宣傳海報中，許多都帶給我們相同的感受。

由此可知，「人臉」是一種相當不容易運用的設計元素，迄今歷史上也曾有許多運用人臉設計來影響社會的事件。正因如此，使用人臉元素時，應該要相當謹慎並秉持道德觀。

應用方法

應用 1. 以眼神傳遞訊息

觀察 Unicef 等非營利機構的官網與海報，會發現捐款的受贈者都正視前方，凝視看海報的人，另外，在用詞上大多不是使用「貧窮」、「世界」等較籠統的詞彙，而是像「〇〇小朋友，〇歲」的敘述，具體呈現單一人物的樣貌。像這樣聚焦於特定的一個人，能夠讓捐款成長好幾倍。這種方法用在慈善活動上當然沒問題，不過如果是用在政治、經濟方面就必須審慎思考。

應用 2. 適度調整表情

生物造型機器人中，第一代 AIBO 與 ASIMO 的設計相當優異，原因是它們沒有表情。有表情會有很多缺點，舉例來說，如果床的附近有機器人，而且晚上一直盯著自己，我們還能安心睡覺嗎？相較之下如果是智慧音箱，即使經常處於連線狀態，我們應該也不會太在意。由於表情對人的影響力極大，因此使用表情並不一定會帶來好的效果。

應用 3. 讓本人親自登場

超市販賣的蔬菜包裝上，有時會有栽種者的照片，告訴消費者栽種的人是誰。附上本人照片，能讓消費者腦中浮現栽種者細心種植的畫面，因此能夠有效提升商品的價值。不過，露臉也代表栽種者的責任，因此若是想要在廣告或包裝上露臉，就必須仔細思考自己是否能對商品與服務負責、是否具有責任意識。

權威（強化上下關係意識）

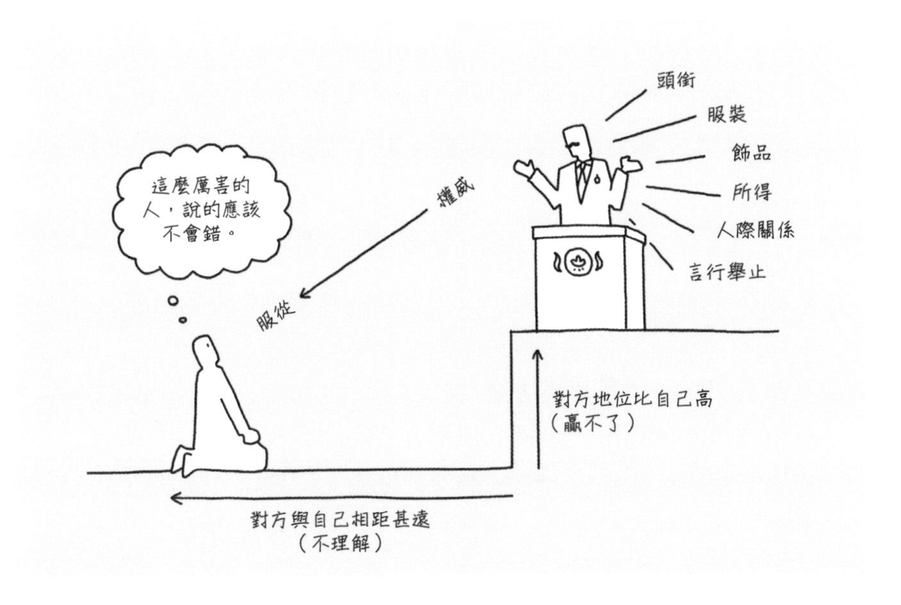

概要

- 當對方地位較高，跟自己屬於不同的世界時，就會給人權威感
- 權威可以透過頭銜與言行表現來增強
- 權威是一種不平等的關係，使用時必須依對象、情境調整不同做法

行為的特徵

在認為對方比自己厲害的那個當下，主導權就會轉移到對方身上，導致對自己不利的情況。比方說當我們知道眼前的人是醫生

或護理師時，就不會懷疑對方是否可以信任，並且很容易會反射性地認為「這個人說的是對的！」。這樣一來，具有權威者就能依照自己的想法來誘導對方。

有兩個元素對權威有著很大的影響。第一個元素是標誌，眼前如果有一位穿制服、戴著眼鏡的警官，即使不知道這位警官的人品如何，也會相信對方謹守規範、極具正義感，因此在他面前就會表現得很守規矩。還有一個元素是附加資訊，例如對方是誰的朋友，或是當對方開始說明專業知識時，會讓人不自覺就相信「這個人一定很厲害！」。使用這兩個元素，就能透過以下方式增加權威。

- 頭銜：職業、學歷、職位、工作的實際績效與得獎經歷
- 服裝：醫師、警察、機師的制服效果特別好
- 飾品：高級的手錶與眼鏡
- 所得與生活水準：金錢的使用方式與住處資訊
- 人際關係：親人、一般人無法認識的人、名人、成功人士
- 言行舉止與說話方式：相當有自信、使用專業用語

過分透過標誌與附加資訊偽造權威，就成了詐騙份子。法蘭克．艾巴內爾假扮成機師、醫生、律師，其改編電影《神鬼交鋒》也相當有名。電影《結婚詐欺師》的庫希歐大佐假裝具有軍人身分與皇室血統，反覆施行結婚詐騙。名嘴假造自己的經歷，像是國外的學歷等。以上例子都藉著權威的力量矇騙眾人。

為什麼權威這麼有力量呢？我們可以參考心理學領域中，研究服從心理的有名實驗——米爾格倫實驗。米爾格倫實驗觀察到的行為，是受試者在被賦予任務與權力後，會採取高姿態來支配對方，即便這個受試者只是一般人（不過，也有人質疑該實驗不夠

確實，反駁實驗的結果）。從這個實驗結果我們可以得知，無論是誰，一旦涉及權力關係，就可能受到支配、服從意識的影響。人會產生服從權威者的意識，主要的原因為：

- 仰賴他人專業比較輕鬆
- 就算與其競爭也沒有勝算
- 那是自己無法踏入的世界

用一句話來說明，就是「對方地位較高，自己跟對方相距甚遠」的不平等關係。不過，社會上越來越傾向於建構橫向關係，國家與民眾、長者與年輕人、服務供應商與使用者等角色間，縱向關係的差距正逐漸縮小。為了建立「信賴」，彼此間相互依賴，基本上雙方會屬於橫向關係，不過，有時如果必須展現專家的專業，運用權威、依情境調整做法是比較理想的方式。

應用方法

應用 1. 提出專家的意見佐證

想提升自己言論的可信度時有一點相當重要，那就是以與對方立場不同的專家身分發言。說話時的訣竅是加上專家才能提出的意見佐證，例如「這其實是⋯⋯，原因在於⋯⋯」這樣的說法。不過有一點必須注意，那就是不要拿知識來炫耀，人與人的信任是建立在實際的成果與經驗上，只是知道某項知識，卻沒有辦法用自己的話來論述，那麼對方也只會感到言之無物而已。

應用 2. 採取「引用」的方式

沒有累積一定的信任，對方不會輕易接受新的提案。這種情況下「引用（Quote）」就相當有效。舉例來說，有個技巧是將偉人的名言投放至螢幕上，以支持自己的提案，這是一種「正向的狐假虎威」策略。商務上經常見到以數值強調影響程度的做法，不過想要讓對方認可、引起對方的共鳴時，「引用」能夠達到很好的效果。

應用 3. 為使用者發聲

當認知到對象的地位高於自己，如公司的上司與客戶等，就不容易使用權威。這種情況下，如果想要表達商品與服務的企劃、設計有哪些優異之處，可以提出使用者的意見，而非自己的觀點，這樣一來就能運用權威的力量。在企劃與調查的過程中採訪使用者，取得當事者的意見，這樣一來就能撇開與上司、客戶間的上下關係，以對等的立場展開討論。

偏誤 2.

人會受到周遭的影響

偏誤 1 的「人會考量到其他人」是比較直接的影響，相較於此，偏誤 2 的「人會受到周遭的影響」則是間接的影響力。如同「入境隨俗」這句話，人並無法排除周圍環境或社會氛圍的影響。一旦注意到周圍的環境，就會開始注重和諧，也會產生不想脫離群體的想法，在認知事物時會採取相對性的觀點。

從眾效應（排隊心理）

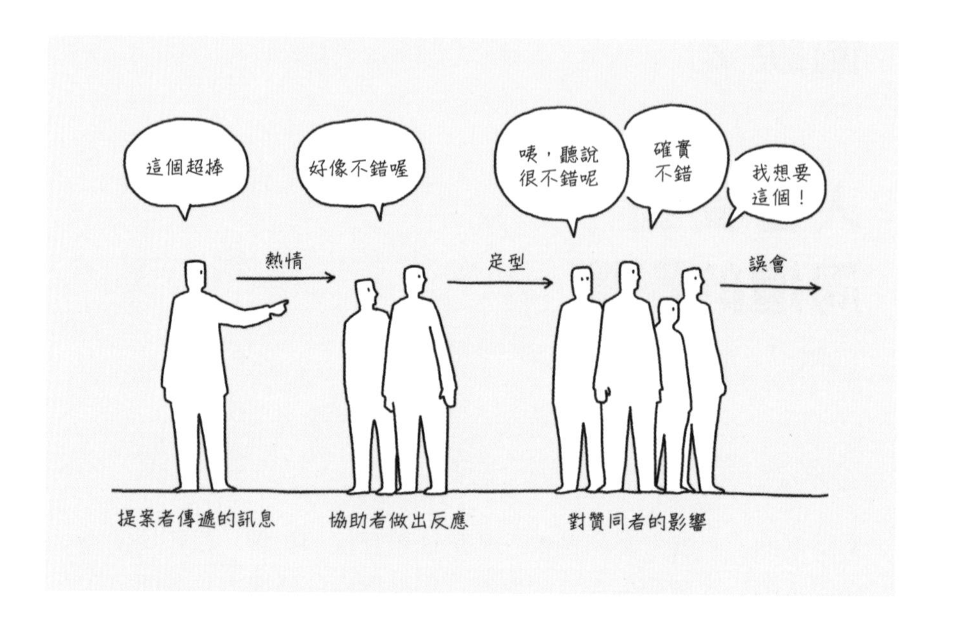

概要

- 受到人潮吸引，不自覺就參加了
- 先來者注意的是內容，後來者關注的則是人
- 串連提案者與贊同者的協力者，是能否掀起熱潮的關鍵

行為的特徵

從眾效應原文是 Bandwagon effect，bandwagon 指的是樂隊行進時領頭的樂隊花車，由於隊伍是跟著樂隊花車行走，因此引申為「人追隨流行」的意思。日常生活中，人們往人群、椿腳、排隊隊伍等處聚集的現象，就符合這裡所說的從眾效應。也就是「大家都在看耶，我也去看看吧」、「不知道在排什麼隊，但就排排看吧」的心理。

只有在周遭的人意識到某個現象的情況下，從眾效應才會發生。這裡的現象以商店來說會是排隊人潮，以廣告來說會是曝光率與使用者留下口碑的頻率，以數位服務來說則是「讚」數。因此，如果難以從生活習慣與行動範圍中觸及使用者，那從眾效應的影響的範圍也是有限。

因熱潮而聚集的人群各自有著不同的動機，最先注意到商品、服務的人具有明確的想法，認為產品「真有趣」、「好想要」等等。但後到者所想的是「那裡有人耶，去看看好了」，他們關注的是人，而不是受到討論的事物。

譯註

三浦純就是創造從眾效應的高手，他所帶動的風潮可說是不勝枚舉，像是他創造的詞彙「my boom（マイブーム）」、「療癒系吉祥物（ゆるキャラ）」、「劣質遊戲（クソゲー）」，另外，與佛像有關的有著作《見佛記》、展覽「阿修羅展」，以及他所蒐集的「日本傳統人偶」（フィギュ和，是三浦純創造的名稱，取自日文中角色、人偶「フィギュア」的諧音）其他還有自創簡稱「西伯超」（シベ超，是三浦純創造的詞彙，為影劇作品《西伯利亞超特急》的簡稱）等，這些都不是出自企業組織、廣告業界，也不是出自藝人之手。

熱潮並不是花錢廣告、宣傳就必然能引起話題，以下將試著依據三浦純的著作《「ない仕事」の作り方》（暫譯：《如何發明新工作》），從行為經濟學的觀點歸納出掀起熱潮的實用技巧。

熱潮是以提案者→協助者→贊同者的順序逐漸拓展，其中，如何吸引居中的協助者關注尤其關鍵。TED Talk 有個三分鐘左右的著名影片，是講者德瑞克．席佛斯（Derek Sivers）演說的《如何發起群眾運動》，當一個人跳舞時有某個人加入，那麼運動將就此展開，但是沒有人加入的話，最開始跳的那個人將會自己跳到結束。這給我們一個啟發，一開始要以少數支持者為目標，不要把焦點放在不特定多數的群眾，記得以最初的支持者與夥伴為重。

應用方法

應用 1. 首先自己要喜歡

首先，提案者要創造一個契機。熱潮是在某個人開始關注、提出後，才有機會受到討論。若是只是把注意力放在周遭的動向，那麼就只會注意到既有的趨勢。這時候如果反過來關注別人沒興趣的事物，就有機會發現從未注意過的魅力。熱潮是從某個人的「喜歡」開始的，企劃者本人如果沒有帶著喜歡的心情與熱情，就無法將感動傳遞給使用者。

應用 2. 命名

接下來提案者要秉持熱情，將想法傳遞給協助者。不過，要是這個想法還未問世，即使說明了對方也不容易理解。這時候有個有效的方法是透過命名，讓人理解該構想是屬於什麼類別。例如，療癒系吉祥物「ゆるキャラ」就是「ゆるい（放鬆的、慢悠悠的）」＋「キャラクター（角色）」兩個詞結合而成。一個讓人印象深刻的命名，可以創造出前所未有的新類別，並獲得大眾認可。

應用 3. 交給大家自行解釋

在協助者的認知定型，贊同者也開始宣傳之後，就會掀起熱潮。不過，訊息傳遞的過程可能會不同於提案者原本的構想，這時候不要試圖強行控制資訊的走向，一定要交給大家自由解釋。熱潮是一種由下而上引發的現象，注意不要設下太嚴格的規則，要採取民主的、而非壓制性的心態。換言之，每個人都有自己的解釋，反而更容易引發討論。

15 羊群效應（少數派的不安）

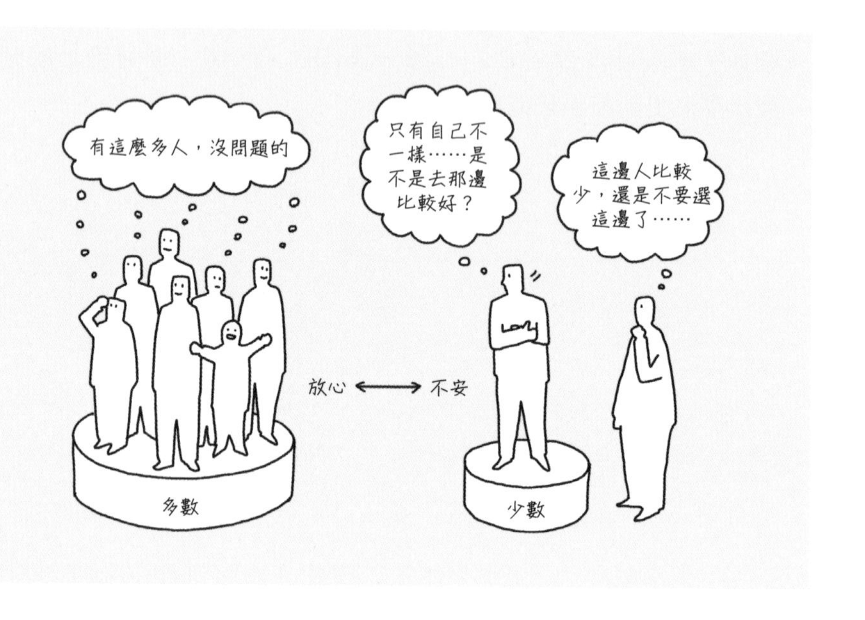

概要

- 一旦意識到多數派的存在，就會傾向於加入
- 多數派的成員會感到放心，少數派的成員則感覺不安
- 煽動少數派不安的情緒可以輕易改變對方的行為，但是會強化負面印象

行為的特徵

少數派心裡總是難以感到舒坦，一旦面臨「周遭的人都是A，只有自己是B」的狀況，就會感覺不安並試圖脫離B。這種受到多數

人影響的情況，稱為「羊群效應」。羊群效應的英文「Herding effect」中的「Herding」指的是「群集」的意思。

西方人看的是眼前的樹，東方人看的則是整片森林，這是東西方在思考上的差異，因此亞洲人會強烈意識到自己與周圍環境間的關係。對於注重當下氛圍的日本人來說，這樣的傾向更是明顯。有個沈船的笑話就是個具象徵性的例子，船即將沈默時，船長對各國人使用不同的方式，說服他們跳海。雖然這是刻板印象，不過卻能從中觀察到不同國家人民的特性。

- 美國人：跳下去你就是英雄！
- 英國人：你是個紳士！
- 德國人：依規定你必須跳下去。
- 義大利人：跳下去的話會很受歡迎喔！
- 法國人：請不要跳下去。
- 日本人：大家都正在跳喔。

少數派的不安心情會促使他們改變行為。英國稅務局與內閣辦公室底下的行為洞察小組，對未於期限內納稅的民眾進行了一個驗證實驗。這個實驗是要調查寄送催繳信時，附上什麼訊息會最有效果。在比較了五種不同的說法後，發現最有效果的，是最強調「對方屬於少數派」的訊息，這個訊息是「在英國，十個人之中有九個人準時繳稅。你屬於現在還未繳稅的極少數民眾」。

羊群效應有時候也可以誘導對方選擇某個選項。雖然每個人的意見明顯不同，但是並沒有人贊同自己，這時候羊群效應就會產生改變想法的影響力，讓人覺得「該不會我是錯的吧？」。即使在重視個人意見的美國，也可以觀察到這樣的傾向。

廣告中有個很常見的做法，那就是煽動消費者的不安情緒，促使消費者轉換商品與服務。雖然這也是一種方式，不過當大家都濫用這種方法，會增強消費者對整體業界的負面印象，難以維持與客戶間的長期關係。向消費者傳遞訊息時，記得也要使用正面的方式，告訴消費者可以開心、放心地使用自己的產品，不要只是煽動不安的情緒。

應用方法

應用 1. 具體、階段性的書寫

要讓使用者採取行動，除了讓人印象深刻的簡潔語句之外，也要盡可能具體傳達自己的意圖。剛才提到的英國實驗中，在只有告知民眾「十個人中有九個人準時納稅」的情況下並沒有觀察到太大的改變，不過，在加上「你是少數」這句話之後，納稅民眾的比例就增加了。寫文章時，記得依序表達重點，文章結構不要太過冗長。由於網路普及之後，人們比較不排斥閱讀長文，因此也未必需要書寫得太過簡短。

應用 2. 讓使用者放心，而非煽動不安情緒

當使用者感到不安時，重要的是要立即傳遞讓使用者放心的訊息。我曾有個經驗，當時我到國外出差幾天後收到簡訊，通知我可能會產生很高的傳輸量。擔心之餘我聯絡了客服中心，客服人員接起電話後，告訴我的第一句話就是「好的，請您不要擔心」，讓我放下心來。而且，對方的語氣非常冷靜，感覺相當可靠。在逐一確認細節、確定沒有問題，而且並不是只有我遇過這個狀況後，就結束了這次的通話。當然，我對這次的服務品質相當滿意。

應用 3. 讓少數派也有容身之處

即便是體育團隊與偶像團體等，少數派的支持者也有一定的人數。沒有了少數派，多數派的支持者將樂趣盡失，所以，少數派也是很重要的。如果商品、服務是業界中的第二、第三選擇，使用對象屬於少數派，請記得讓使用者安心。例如，告訴使用者有些死忠支持者只支持少數派的商品、服務，或是強調自己具備第一選擇所沒有的魅力等。訣竅是告訴使用者即便是少數，但「你並不是一個人」。

16 奈許均衡（互惠關係）

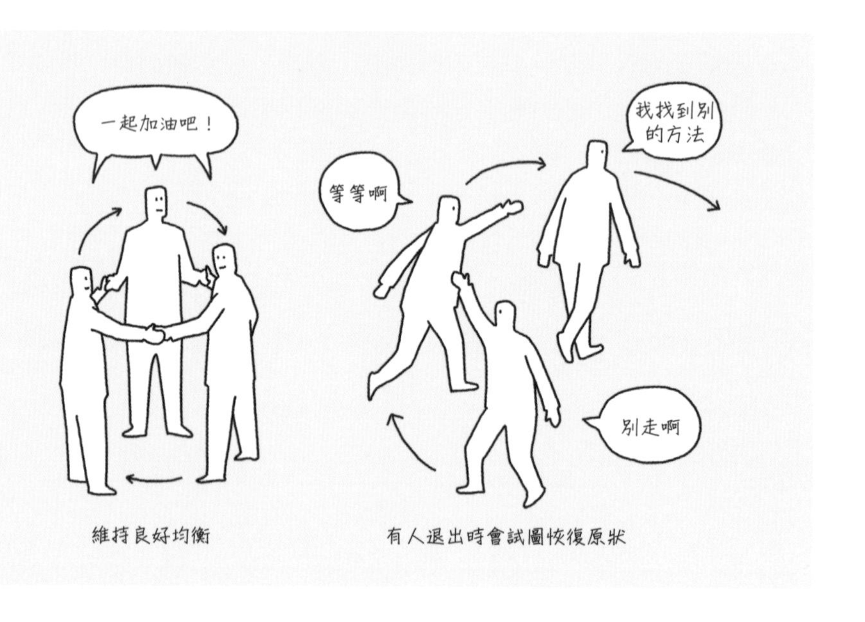

概要

- 奈許均衡有如一種三角關係
- 實際上，與對手間的關係讓均衡得以維持
- 考量彼此立場有助於長期關係的建構

行為的特徵

「奈許均衡」代表一種沒有人能夠搶先一步的狀態。

讓我們以男女間的三角關係來思考，兩位男性喜歡同一位女性，但是兩位男性的感情很好，女性也希望維持和兩位男性之間的友情，因此這三個人有著良好的關係。不過有一次，其中一位男性打算向女性告白，這是另外兩個人所不希望發生的事。女性會想要和打算告白的男性保持距離，兩位男性將變得敵對並互扯後腿，彼此間的關係將會有所改變。

如同這個例子，為了維持彼此間的均衡關係，不要搶先一步成了最好的方法，這種狀態就稱為奈許均衡。商業情境中也可以套用這個概念，以下列出的是多家競爭者提供的服務與使用者之間的三角關係，以及企業之間維持均衡關係的例子。

- 高價位的飯店／低價位的飯店
- 購物中心的日式料理／西式料理／中式料理
- 汽車製造商／經銷商／二手車經銷商

我們知道多數情況下商務運作是否能維持均衡，是取決於彼此之間的關係。如果有某間商店決定降價，那麼競爭商家為了對抗也將隨之降價，如此一來將淪為價格戰，最後的結果是每個店家的利潤都下降了，或者是只有一家商店得以存活，使用者失去了其他選擇，導致整個市場的成長停滯。從奈許均衡的關係我們可以發現，乍看之下是與競爭對手合作，但實則對自己有益，簡言之，就是一種「互惠關係」。

這種取得均衡的狀態，也與「三方好」的概念有關。三方好指的是近江商人重視的經營理念「買方好」、「賣方好」、「世間好」，是一種永續循環的商業模式。以三角關係的觀點看待商務關係，就能同時為使用者、企業建構長期、良好的關係。

應用方法

應用 1. 使用文氏圖

多個圓形重疊的圖，就稱為文氏圖。圓與圓之間有著重疊的部分，這就是「互惠」的區域。若使用文氏圖，當有人在會議中提出要「剔除一個元素」時，就能以「剔除一個元素後，會影響到另外兩個元素，因而破壞整體的均衡」來予以說明。

應用 2. 重視與競爭對手間的差異

有個商業框架稱為 3C 分析。3C 指的是「企業本身（Company）」、「競爭對手（Competitor）」、「市場、顧客（Customer）」。透過 3C 框架，我們可以得知企業本身與競爭對手的共通點，以及彼此之間的區隔。舉例來說，透過降價等方式讓價格差異化是每間公司都做得到的，因此會被競爭對手追趕，不過，若是做出對其他公司來說無利可圖的差異化，競爭對手將難以追趕，這樣一來就能維持與競爭對手間的均衡。

應用 3. 意識到相互依賴的關係

許多人說未來的商品與服務需要在「商務」、「科技」、「創新」這三者間取得平衡。如果過於偏重商務（業務部門），可能會為了追求短期營收目標，導致品牌形象受損。太過重視科技（開發部門），可能會只偏重於性能。若是太過著重創新（設計部門），則可能忽略了產品的盈利能力。要保持三者間的平衡，必須有人縱觀全局，以及對不同立場者予以理解。

稀少性（快失去就更想要）

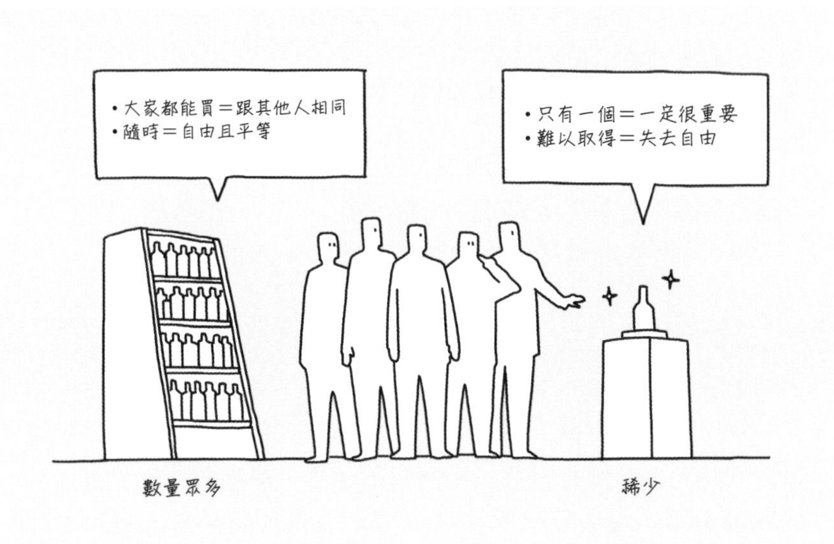

概要

- 人傾向於認為無法取得稀少性較高的產品，是對自己不利
- 使用者對於稀少產品的價值認知，是透過宣傳稀少性的媒體而來
- 人們對於稀少性的關注，已經逐漸從「實體產品」轉移到「體驗」

行為的特徵

傳出新冠疫情的新聞後，商品的缺貨現象受到關注。商店中如果沒有口罩與洗手乳，就會覺得該項商品相當稀有，這時候即使價格很高，人們依然願意購買，就算家裡還有庫存，也會覺得非買不可，難以做出正確的判斷。

以往也有因稀少性所引起的事件。

- 球鞋熱潮時的NIKE AIR MAX95
- 曾在高中生之間掀起風潮的電子雞
- 日本311大地震時發生的寶特瓶飲料缺貨事件

面對稀少的狀況，人會做出不合理的判斷並採取行動，其原因有二。第一是難以取得，就會認為該產品一定很重要。另一個則是難以取得，就會覺得自己失去選擇的自由。追根究底其實是出自於競爭心理，受到不安的情緒所驅使，認為如果自己沒有該產品，好像就會陷入比對方不利的情況。

人在意識到稀少性的過程中會經歷兩個階段。首先會出現採取極端行動的少數派，對於稀少這件事產生過度的反應，不過，在這個時間點，大部分的人都還很冷靜。然而，部分人士的過度反應經由媒體宣傳後，多數派無論是否真的需要，也會產生「有可能到時候就買不到，非買不可！」的想法，從而追隨少數派。這會導致缺貨，最後提升了稀少性。

稀少性受到關注並廣為流行的過程中，中間層扮演著關鍵的角色，這與從眾效應也有共通之處。真正稀少的產品是難以吸引他人關注的，這句話聽起來或許有點奇怪，不過，沒有一定的市場認知度與滲透程度，就無法發揮稀少性的效果。

市場上有許多服務都運用了稀少性的概念。例如網路上經常可見旅遊業的「剩下〇間」，和網路商店的「庫存剩下〇個」。透過資料的運用，我們可以即時呈現數字，這可能對於使用者評估、判斷產生好的影響，但也可能變成一味煽動產品稀有價值的不良手段。

進入二十一世紀後，對於限定商品與高價商品，其稀少性的相對價值已然下降。因為如今已是資訊社會，共享文化也已逐漸滲透。往後除了物品之外，人與人的接觸、難得的機會等「體驗」的稀少性將日趨重要。

應用方法

應用 1. 賦予「人」稀少性

自從社會上的產品與資訊變得泛濫以後，稀少性的價值就轉移到人的身上，像是人氣 YouTuber 與部落客就屬於具有稀少性的人。「誰」使用了該項商品、服務，對人們產生的影響力大不相同。產品能更受歡迎並不是出於企業單方面的宣傳，而是因為有了這些具有影響力的人物，才有越來越多的追隨者。視覺化的資訊，例如追蹤人數等數字與狀態成為評估一個人是否具有稀少性的指標。

應用 2. 賦予「時間」稀少性

隨著網路普及，人們不再受到地點的限制。這使得每個人都能夠自由地取得資訊，時間的稀有價值相對來說就提升了。例如，限時的網路特惠、可以即時觀賞直播並留下評論等。時間對每個人都是公平的，尤其是透過網路提供限時服務更是一種完善的方式。

應用 3. 賦予「實際接觸」稀少性

另一方面，正因為現代人取得資訊相當容易，因此真實的碰面、體驗更顯得稀有。即便在這個數位普及的時代，演講、商店活動、演奏會、戶外活動、網友聚會等，其市場仍備受矚目。尤其在受到新冠疫情影響而無法外出的狀況下，感受更是深刻。

應用 4. 實體與數位並重

我們可以透過實體與數位的結合提升稀有價值，並不需要將實體與數位切割。藤井保文與尾原和啟的合著書籍《アフターデジタル》（中文版：《搶進後數位時代：從顧客行為找出未來銷售模式》）對於實體與數位兩者間的關聯性有明確的說明。Tech touch（數位接觸）有利於擴大接觸的數量，Real touch（面對面的接觸）則有利於透過深度溝通提升接觸的品質。依據用途，組合「質」與「量」的接觸，與使用者之間就能建立較強的連結。

社會證明
（希望能有所依靠）

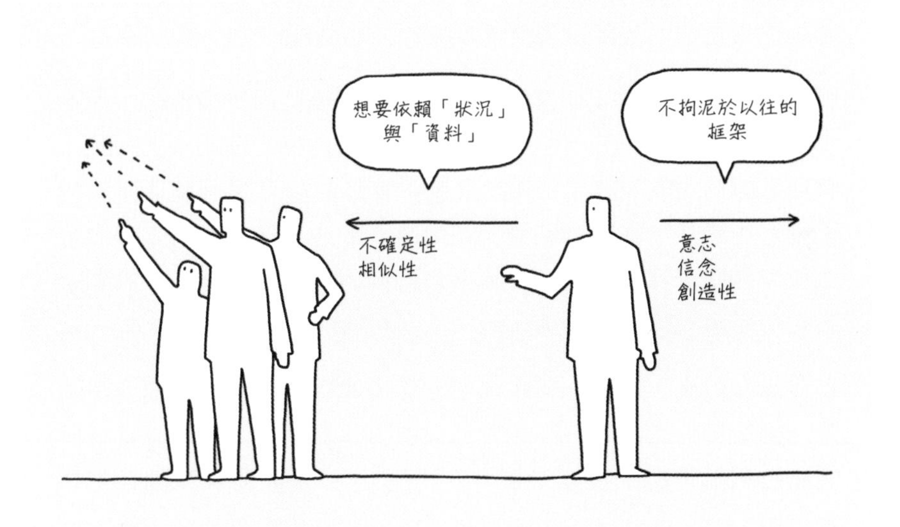

概要

- 人會想要有所依賴，背後的因素是不確定性與相似性
- 創新與社會證明是相反的概念
- 擺脫社會證明需要內心的強大意志

行為的特徵

人沒有自信的時候會想要有所依賴，而社會證明則促進了這樣的想法。想要有所依賴的因素有兩個，分別是不確定性與相似性。

首先是不確定性。當人無法透過以往的經驗說明某件事情時，很容易會受到身邊其他人的行為影響。例如「受到新冠疫情影響，那間公司禁止員工進公司，所以我們公司也禁止吧」，或是「每個人都不動，我就靜觀其變吧」的想法。

接下來是相似性。當某個人先採取行動，受其影響，自己也會不經意地追隨。像是模仿流行時尚、周圍的人笑自己也會變得開心，還有可怕的自殺追隨風潮現象也是相同概念。

歸結以上兩個因素，社會證明是一種將判斷交給周遭他人，而不是掌握在自己手中的一種心理。現代是個極具不確定性的時代，有些人提倡「突破以往框架的創新有其必要」，不過現實生活中的不確定性越高，人們就越受到社會證明的心理因素影響，傾向於依據周遭狀況採取行動，或是讓自己歸屬於某個社群，無論是企業端或使用者端皆是如此。

創新是從信念、意志，或者創造性等自我想法而生。要讓公司同意一個前衛的企劃時，不能只是以數字作為依據。以市場資料與問卷結果為佐證來表達企劃「沒問題」，這種做法只是助長了社會證明，而且與創新的想法背道而馳。讓我們跳脫社會證明，不要過度在意周遭的目光，重視自己內心湧現的想法！

應用方法

應用 1. 成為創新的領導者

無論在哪個時代，改革者都是受到周遭反對，卻仍憑藉意志堅持到底的一群人。最具象徵性的是 Apple 著名的廣告口號「Think Different（不同凡想）」。創新是來自於領導者不受環境與資料左右，帶著勇氣做出與他人不同的決定。如果想要嘗試新的事物，就必須不依賴社會證明，以創新的領導來推進。

應用 2. 接納少數意見

King Jim 公司是以 Tepra（掌上型標籤機）與 Pomera（電子筆記本）等人氣商品而聞名的辦公用品、文具製造商，該公司採用了一種特別的機制，規定開發會議中即便多位成員反對，只要有一個人認可，就可以著手進行商品企劃。這種方式採納了少數意見，而不是以多數決或商討的方式導出一個較安全的結論。多元性可以引發創新，不過，採納全體成員的意見，也可能導致較創新的企劃難以通過。因此，讓尊重少數意見的文化在組織內扎根相當重要。

應用 3. 用打動人心的故事傳遞訊息

當面前有幾個提案選項時，打安全牌是很常見的做法，這呈現出人在面對新事物時的不安心情，要改變這樣的心情並不簡單。要突破這種情況，重要的不是以資料佐證，而是以「故事」傳遞訊息，讓對方能再踏出一步。而這個故事也必須是創新的內容，而不是依靠社會證明。我們從許多廣告也可看出，組織越大，越傾向於描繪較普通、安全的故事。而由一個人的強大信念創造出的電影、漫畫，則能讓我們從中學習如何描繪打動人心的故事，可以多加參考。

旁觀者效應（每個人都視而不見）

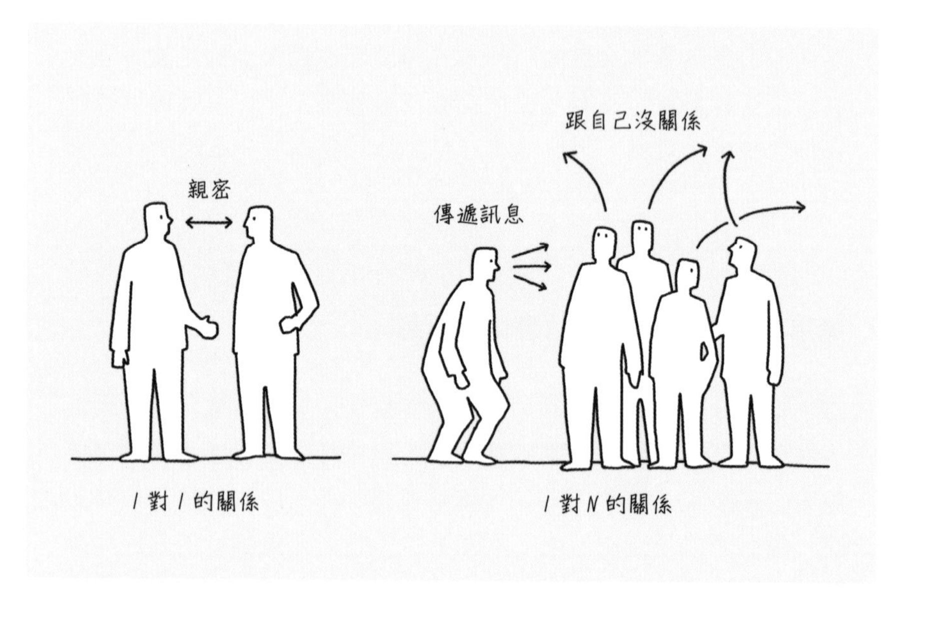

概要

- 群體中，人不會採取自主行動，而是依賴他人
- 看見對方的臉則會顧慮對方，看不見對方的臉則變得自我
- 隨著物理距離、心理距離不同，社會關係也會改變

行為的特徵

1964 年在紐約州發生了某個事件，當時的報導令人難受。報導指出「殺人兇手重複 3 次犯行，38 名目擊者當中無人報警」。根據

社會心理學，「多人目擊悲慘事件時，目擊者們對於悲劇將傾向於不出手干預」，這就是「旁觀者效應」。

三重確認的機制是避免工作與考試時出錯，但是比起雙重確認，它可能只具有同等、甚至更差的品質，這是因為比起只有一個負責人，多個負責人反而導致更薄弱的責任意識。另一個例子是所有人共同進行決策時，會傾向於歸納出較保險的結論，導致決策品質下降、陷入團體迷思（groupthink）。以上兩種情況都不是由一人主導，而是受到旁觀者的立場影響。

旁觀者不具有當事者意識的背景原因有三。第一是不受他人目光影響下，人會採取較自我的思考模式。第二是由於與對方的距離較遠。第三是因為不認識對方，將對方視為某個不知名的人物。

在偏誤 1 的社會偏好中介紹過獨裁者賽局，在有其他人的情況下，可以觀察到人傾向於不獨佔所有金錢，並將部分金錢分給對方。反之，實際上我們也逐漸發現，當看不到對方時，人會傾向於耍詐，或是比較自我中心。相對的，人如果在意周遭的目光，就會採取社會行動。行為經濟學家丹．艾瑞利（Dan Ariely）的「可辨識受害者效應」實驗指出，能否看到一個人的臉會影響捐款的金額。而在周遭的注視下，即使沒有看到臉，也能發揮和警車、監視器同等的效果。

與對方的物理距離也與旁觀者效應有很大的關係。如果是眼前發生的糾紛，只要有了目光接觸，就會動念決定幫助對方、採取行動。然而，只要與當事者之間有點距離，可能會不想自找麻煩，因而盡可能不去靠近。如果與當事者之間距離甚遠，除了自己以外也還有很多人，就會認為應該有其他人會去處理。

使用者的行為也會依對象而改變。例如對方是朋友，或是有聽過的人則會傾向於採取行動。但是如果不曾見過對方，或是對方與自己屬於不同的生活圈，則會降低干涉的意願。這種心理上的距離也會影響人的行為。

如果使用者對於商品、服務屬於未積極參與的狀態，他很可能是處於旁觀者的立場。如今社交距離這個詞彙已經普及，當我們想讓使用者具備當事者意識，進而展開行動，就要思考怎麼縮短「心理上」的社交距離。

應用方法

應用 1. 說話時指出對方的名字

指出特定對象具有縮短距離的效果。資深的商店銷售人員在說話時會指定特定對象，例如「這位戴帽子的客人」，讓客人更有機會關注商品。飯店的大門與網站也會使用「〇〇先生／小姐，您好」等方式與客人對話。尤其透過數位科技有效運用使用者的資料，就可以針對個人做出不同的回應，避免齊頭式的應對方式。當使用者不太關注，而且處於旁觀者的立場時，就可以嘗試 One to One 的溝通。

應用 2. 運用周遭的目光

人在周遭目光的關注下，就會採取符合社會期待的舉動，停止怪異的行為。相對的，少了周遭的目光就會順從自己的意願行動，無論該行為是好是壞。善用這個現象，就能夠適當調整對於使用者的干涉程度。例如在有許多觀看者的 SNS 與公共空間中，加入令人感覺到他人目光的元素，在個人私下溝通的情境中，則採用不需要在意他人眼光、有如自己房間的情境，可以依據不同情況使用不同的設計方式呈現。

應用 3. 親切應對

與使用者之間建立一定的關係後，使用有如朋友、家人的口吻，就能一下子縮短與對方之間的距離。例如使用方言，或是模仿對方常說的話，這樣就能讓對方意識到彼此間的夥伴關係。第一次見面時透過自我介紹讓對方了解自己，這種方法也具有與對方拉近距離的效果，讓自己從「某個不知名人物」變成「特定人物」。

偏誤 3.

人會依時間改變認知

對人來說，時間並不是同等的。無論是十年前或一天前的紀錄，機器都能以相同的方式叫出，但人則不是如此，相較於一天前的記憶，十年前的記憶是難以清楚回憶的。此外，隨著時間流逝，人會基於經驗法則，不想對一直以來習慣的做法做出改變，另一方面，在做某件事情的之前與之後，也會產生截然不同的想法。

捷思法（捷徑思考）

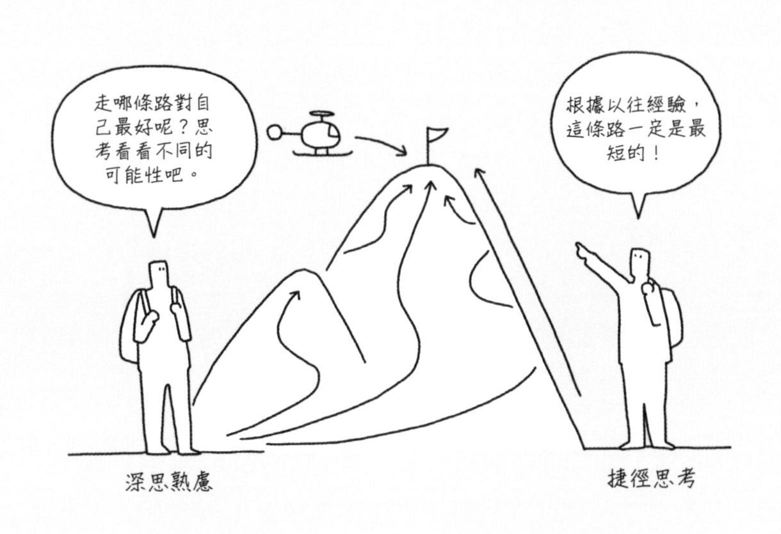

概要

- 具有經驗法則與常識的人會採取捷徑思考，立刻做出結論
- 捷徑思考的優點是不花費時間與勞力
- 另一方面也有缺點，那就是不易發現陷阱，如偏見與盲點

行為的特徵

日文有句諺語是「石を叩いて渡る（敲打石橋，確定安全後才行走，比喻謹慎行事），這句話良好呈現了避免陷入捷思的方法。捷

思法（Heuristic）一詞源自於希臘文，原本的意思是有助於尋找、發現，在行為經濟學中則代表依據經驗法則，在一定程度上可以依直覺找出答案。

捷思法的優點是可以在短時間內不費心力地執行，缺點是難以察覺其中陷阱，如思考上的疏漏與先入為主的觀念等。著名的例子有「琳達問題」，請閱讀以下琳達的資料，思考琳達的身分是 A 還是 B。

《琳達 31 歲，單身，是善於交際且聰明的女性。大學主修哲學，關注歧視與社會正義等問題，經常參與反核運動的示威活動。
A. 琳達是銀行行員、B. 琳達是參與女性主義運動的銀行行員》
（《ファスト＆スロー　あなたの意思はどのように決まるか？》丹尼爾·康納曼著／村井章子翻譯／早川書房／ 2012 年，即天下文化出版的《快思慢想》）。

琳達是參與了反核運動沒錯，但是沒有事實指出她參與了女性主義活動。然而，人會以先入為主的觀念，擅自將這兩者連結，因此許多人會選擇 B。如這個例子所示，捷思法讓人能夠快速判斷，但也可能讓人忽略邏輯性的觀點。

人在日常生活中都使用著捷思法，例如過橋時深信「橋不會崩塌」。實際上沒有人能確保橋不會崩塌，但是每次過橋時都要詳細檢驗，在實際生活中並不可行，質疑這種一般性的認知會相當耗費時間與精力。如果是機械，無論多小的錯誤都會找出來並停止執行，不過人則會無意識地排除掉這些小錯誤。

捷思法還分為許多不同的種類，例如感到不安時會覺得坡道比平時更陡峭、誤以為較稀少的就是自己想要的、以自我為中心的思考方式等，這些概念也是其他行為經濟學理論的基礎。

捷思法與日文中的「近道思考（捷徑思考）」的概念吻合，當我們認為必須使用經驗法則時，就積極採用捷徑思考，相對的，想要排除失誤的可能性時，就必須留意避免陷入捷徑思考的模式，依照不同情境採取不同做法將有助於商品與服務的企劃、開發。

應用方法

應用 1. 越新的產品越需要加入熟悉的元素

前所未見的新產品、服務、機制並不能套用以往的經驗法則，使用者在一開始會對於用法感到困惑，這時候就可以運用捷思法。iPhone 初登場時，起始畫面與操作的設計讓使用者可以依據經驗法則摸索，例如按鈕與圖示盡量配合以往設計（像是使用放大鏡作為搜尋的圖示）、讓操作程序與以往的 Apple 產品相同等。越新的產品，在使用者介面中運用以往的經驗法則就越有效。

應用 2. 在素人思考與專家思考間切換

在構思較大膽的想法時，捷思法會是一種阻礙，因為人會依據經驗法則與常識判斷，認為「應該就是這麼回事吧」。因此，這種情況下必須特地轉換為素人觀點，質疑所謂的常識，或者讓不同專業、思維的成員加入團隊，試著以多元性排除經驗法則與常識的影響。我們可以依據不同情境，在素人與專家的思考模式間切換。

應用 3. 依實際情況調查

比亞克．英格爾斯（Bjarke Ingels）是世界知名的建築師，他設立的建築事務所 BIG 在前往設計預定地進行調查時，相當注重

「不強行賦予意義」這一點。他們拜訪當地，與當地人交談，透過走訪周遭環境獲得新的發現，再由此連結到設計案。如果以捷思法的主觀想法做出結論，可能會忽略平時就不會注意到的部分，根據經驗法則思考，也很可能會提出與他人相同的解決方案。這種情況下的調查並不是要驗證正確的答案，而是用來發現新的線索，因此我們需要保持的態度與心態，是坦然接受實際的情況。

21 現時偏誤（現在才重要）

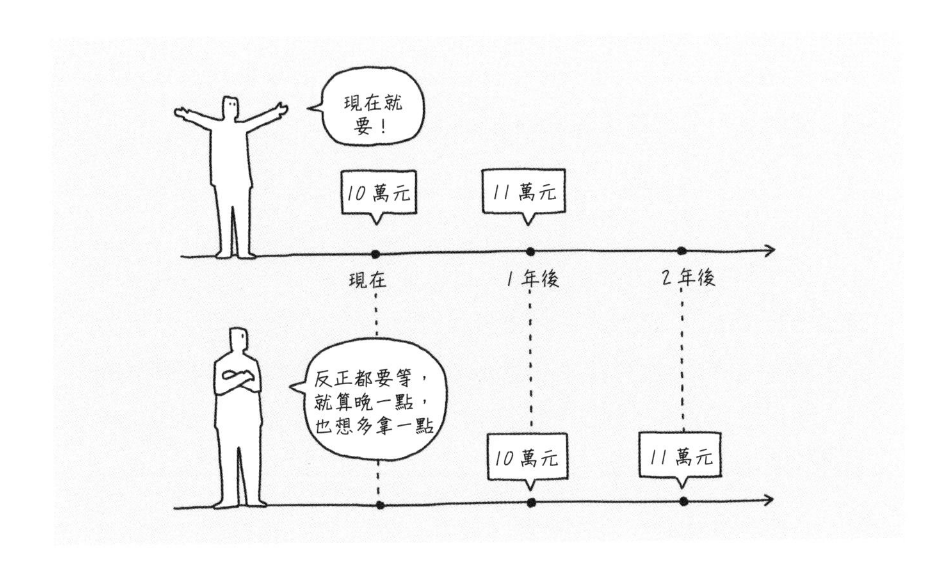

概要

- 拘泥於當下，就會將重要的事情延後
- 面對可以立即獲得的報酬時，會偏重短期的結果
- 相較於較近的未來，較遠的未來難以想像

行為的特徵

判斷時再加入時間條件就會產生新的選項，例如「是現在重要，還是未來重要？」。人就算有重要的事，例如暑假作業與工作，也很容易優先處理眼前的事物，將原本該做的事情延後，這就稱為「現時偏誤」。

當未來並不明確時，人會偏向於眼前立即、確實可以得到的事物，讓我們從三個研究案例來理解這個概念。

第一個是棉花糖實驗，這是一個觀察孩子是否能忍耐不吃棉花糖的實驗。如果能忍住不吃，之後可以多拿到一個棉花糖，不過，有些孩子一旦看見棉花糖就會不自覺地伸出手。這個實驗讓我們了解了幾件事，「轉移注意力就能夠忍耐」、「忍住的孩子是自己想出了轉移注意力的方法」、「忍得住的孩子長大後，無論在社會上、學業上都比較優秀」。由此可知，預測不久後將來的能力，能夠影響人的未來發展。

第二個案例與金錢、時間有關。這個研究以學生為對象，調查學生對於「現在」的重視程度，並得出實驗結果。在立即獲得 10 萬元，還是要一年後獲得 11 萬元的選項中，有較多人選擇立即獲得 10 萬元。然而，若將選項改為一年後獲得 10 萬元，或是兩年後獲得 11 萬元，則多數人選擇兩年後。由此可知，現在、未來的差別極大，不過人對於未來的時間點，卻不太容易感覺其中的差距。也就是說，「是不是現在」才是重點。

第三個案例是關於動物的兩種行為模式。以鴿子為實驗對象，準備兩種按鈕，一種是按下按鈕後飼料會立即掉出，另一種則是稍微等待就會掉出很多飼料，而鴿子選擇了會立即掉出飼料的按鈕，這行為就像是無法忍耐不吃棉花糖的孩子。另一方面，巴諾布猿與紅毛猩猩習慣保存之後用得上的工具，從其他動物身上，我們也可以觀察到儲存糧食的行為。這種行為模式就是對未來有所計畫而採取的行動，而非只是考量當下情況。由此可見，面對立即且確實可得的誘惑，會偏重短期性的報酬，不過，當事情牽涉到未來，就會偏重長期性的報酬。

成人也是如此，只要有報酬就會想立即取得。眼前如果有冰淇淋就想吃，如果有啤酒也想馬上喝到。眼前的報酬如果在現在或未來都不會改變，那麼就把握當下吧！但是如果會影響未來的利益，那麼為了將來，現在就必須多加忍耐。

應用方法

應用 1.「只有現在」與「延續使用」

行為經濟學學者理查．賽勒（Richard H. Thaler）在著作《Misbehaving: The Making of Behavioral Economics》（中文版為先覺出版社的《不當行為：行為經濟學之父教你更聰明的思考、理財、看世界》）中提及他以顧問身分協助滑雪度假村企業重整的實際案例，他提出的策略有以下兩點。第一是在開始營業之前購買回數券，就能以折扣價格取得優惠。這利用了消費者「現在買更划算」的心理。第二是如果連帶購買下一年的券，那麼前一年的券就可以繼續使用。這個做法反過來讓用不完的券能夠延續使用，利用了延後的心理。

應用 2. 呈現一個月後的未來，而非幾年後

健身中心 RIZAP 的廣告以「我們承諾兩個月內見效」強調短期效果而備受矚目。如果將期間改為一年，給人的印象就大不相同。之前介紹的選擇獲得金錢時間點的實驗，如果期間不是一年、兩

年，而是一個月、兩個月，結果應該也會有所不同。依據服務的內容，盡可能向使用者呈現短時間內的實際成效，就可以有效發揮現時偏誤的效果。

應用 3. 給自己壓力

在 TED Talk 可以看到德瑞克．席佛斯（Derek Sivers）的演講影片「別說出你的個人目標」，這部影片中有兩個關於現時偏誤的啟發。第一是「如果想達成目標，就不要告訴他人」，第二個是「真的想說，就創造一個給自己壓力的情境」。如果非說不可，就呈現出具體達成目標的指標，以一週為單位進行評估，這樣一來即使是未來的目標，也能讓自己意識到當下該做什麼事。

22 正常化偏誤（厭惡改變）

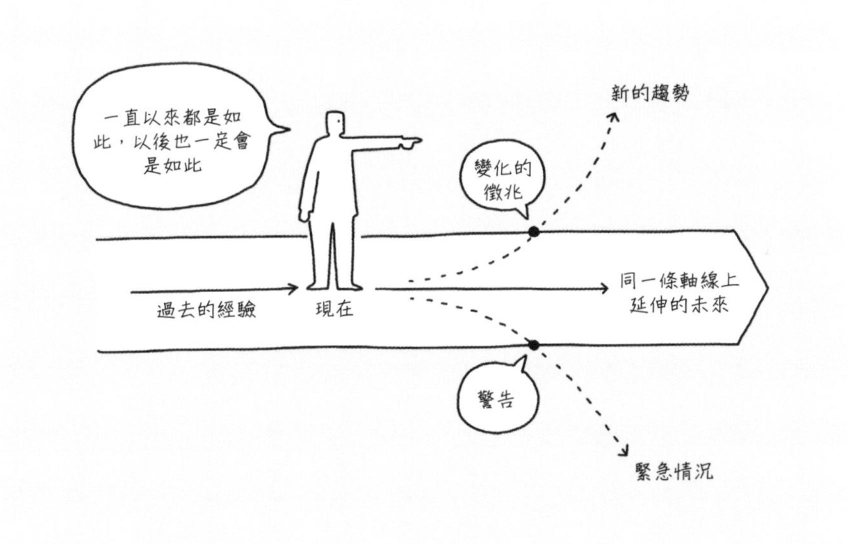

概要

- 人傾向於將過去、現在、未來放在同一個軸線上思考
- 許多人出於本能地抗拒變化，即使早有徵兆也無法因應
- 希望引發變化時，需要明確、強力地採取行動

行為的特徵

不想改變現狀，這種思考模式就稱為「正常化偏誤」、「安於現狀偏誤」。到目前為止，每當電影院與地鐵等密閉空間發生火災或地

震時，即便當下已經發布警報，人們也並沒有立即採取行動，這導致了許多悲劇。

只要異常情況沒有超出一定的範圍，人依然會將其視為正常狀況。據說人會這麼思考，是因為逐一回應每天的細微變化會令人相當疲憊，所以人的感受在某種程度上來說是遲鈍的。多虧了正常化偏誤，人們可以舒適地度過每一天，不過相對的，對於緊急情況的因應則會有所延遲。

有幾個原因導致人在變化發生時也不會採取行動，第一是人不會立即認為事情與自己切身相關，像是第一次發生地震時很多人會留在現場，不過第二次發生後，就會自覺情況有異而採取行動。第二是人經常過度自信，如果第一波海嘯較小，就會認為「應該沒事吧」，因此小看了下一波大海嘯。第三是因為遵從權威導致視野狹隘與停止思考，就像飛機上的副駕駛如果認為機長的指示不容質疑，就不會注意到眼前發生的異常狀況。

現時偏誤與正常化偏誤有些相似，因此這裡將歸納出兩者間的差異。現時偏誤是以「現在」為起點，偏重眼前的利益，在長期計畫中會重視未來性，不過短期計畫中則更傾向於眼前的利益。相較於此，正常化偏誤（安於現狀偏誤）是將過去→現在→未來放在同一條軸線上思考，抗拒不同於現狀的改變，一個人能不能因應變化與正常化偏誤極其相關。

正常化偏誤的風險不只存在於災害中，商業上有許多企業與服務因為抗拒（或者未察覺）變化而跟不上時代，尤其是近年來有許多日本大企業都為了這個問題而頭痛。新的競爭對手出現時，必須要意識到這可能是不同的趨勢，與以往的情況並不能放在同一條軸線上思考。

順帶一提，電影中經常出現人們接收到警告後匆忙逃跑、陷入恐慌的情境，不過現實中「人們即使被捲入災害也不會感到恐慌」。記者亞曼達・瑞普立（Amanda Ripley）的著作《The Unthinkable: Who Survives When Disaster Strikes - and Why》（行人文化實驗室出版的《生還者希望你知道的事》）中，倖存者表示 911 恐怖攻擊的當下「每個人都非常冷靜」，逃難者都相當安靜、順從。緊急情況時，重要的是不要擔心人們陷入恐慌，明確地給予警告，先著重於排除正常化偏誤。

應用方法

應用 1. 直接以強烈且明確的方式告知

人對於含糊的訊息是不為所動的。1977 年發生的比佛利山莊晚餐俱樂部大火事件中，就是以「有個小火災，離這邊還有好一段距離，不過還是請各位立即逃生」的說詞警告群眾。結果，人們並沒有積極逃生，有 164 個人來不及逃。提供含糊的資訊，反而可能加強了正常化偏誤。如果希望誘導對方改變行為，可以留意使用以下的說話方式。

- 是否直接（說話不迂迴，容易理解）
- 是否強烈（讓對方感到震驚）
- 是否明確（能夠理解具體上要做什麼）

應用 2. 讓人馬上理解

即使已經給予警告，只要周圍的環境不變，就無法促使人們採取行動。舉例來說，如果是室內，就必須透過切換燈光等方式，讓視覺上有明顯的變化。除了視覺之外，改變聲音、溫度等五官感受也相當有效。手機響起的緊急地震警報，其鈴聲設計也有意警告使用者，目前情況明顯與平時不同，這樣就能立刻改變當下的環境氛圍。

應用 3. 贊同

要改變每個人的行動，重點就在第一個追隨著。我曾在偏誤 2 從眾效應中提到的 TED Talk 演講《如何發起群眾運動》就直接指出這個重點。只有一個人做，看起來就像個怪人，不過，一旦有鼓起勇氣的追隨者加入，就會出現整體性的變化。提供商品與服務時，只要提供一個讓追隨者較容易出聲的場合，再建立一個他人可以看見追隨者行為的機制，就可以促發群眾運動。

確認偏誤（自圓其說）

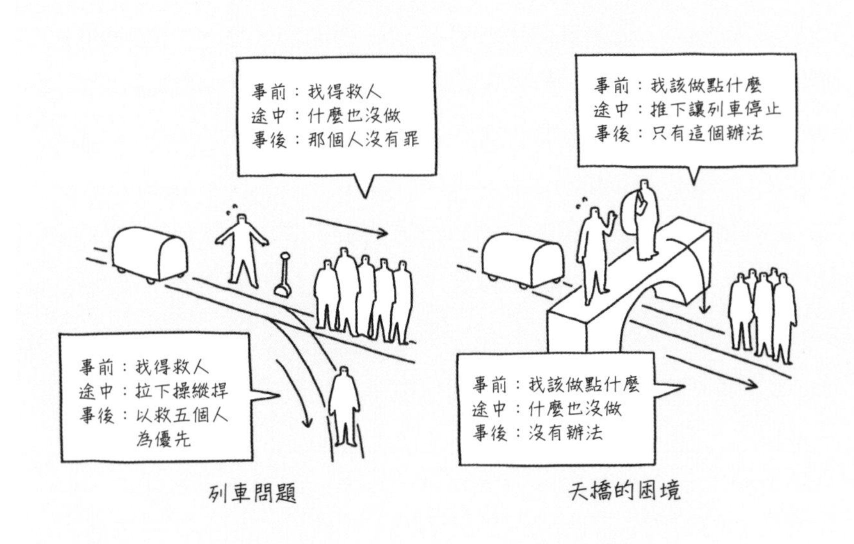

概要

- 人會在事後找理由合理化自己的行為
- 無論是個人或企業都可能會自圓其說
- 確認偏誤的問題應該建立機制解決，而非單純藉由個人的意識改變

行為的特徵

大多數的情況下，人會留意自己採取的行動是否符合倫理觀。不過，有時候也會在自己沒有察覺到的情況下，做出不符道德規範

的行為。倫理觀再加上社會價值觀之後，事情會變得更加複雜，麥斯．貝澤曼（Max H. Bazerman）與安．E．坦柏倫塞（Ann E. Tenbrunsel）的著書《盲點：哈佛、華頓商學院課程選讀，為什麼傳統決策會失敗，而我們可以怎麼做？》中，詳述了背後的原因。

倫理觀並不簡單，列車問題與天橋的困境這兩個著名的思考實驗就極具代表性。兩個實驗問的都是同一個問題，站在軌道上的五個人都未注意到列車即將行駛過來，這時候你應該怎麼做決定？

列車問題的情境中，軌道在途中分為兩個軌道，列車是可以轉換到不同軌道的。如果不採取行動，軌道上的五個人就會被列車輾過，如果轉換軌道，會讓轉換軌道上的另一個人死亡，不過，原本的五個人就能得救。這種情況下，無論是哪一種選擇，都能給出符合倫理觀的理由。

天橋的困境則只有一條軌道，列車軌道上方有天橋，天橋上還有另一個人。如果什麼也不做，軌道上的五個人會被列車輾過，但是如果將天橋上另一個人推落軌道，掉下去的這個人會死亡，但是軌道上的五個人會得救。這種情況下，應該很少人會選擇將人推下，因為這等於是殺人。無論是列車問題或天橋的困境，選擇後的兩種結果是相同的，不過如果以倫理觀的角度說明，背後的原因則各不相同。

思想與實際行為不同調是常有的事。不過，人幾乎不會因此而認為自己是錯的而改變想法，相反的，人會試圖合理化自己的行為。如果將這個過程分為事前、途中、事後的三個步驟，就能歸納出以下結果。

採取行動前，人會試圖根據倫理觀採取堅定的態度。然而，實際展開行動時，可能會受到當下情境影響而做出不如預期的行為。採取行動後，會依據結果修正事前的思考並自圓其說。這就與「確認偏誤」有關。

透過自圓其說將行為合理化，除了在個人身上，也會發生在組織與社會等較大的結構。舉個與個人有關的例子，在回答有意願捐款的人數中，當天實際捐款的人數只有一半。沒有捐款的人會以當天身上沒有錢等理由合理化自己的行為。與組織有關的例子則有挑戰者號太空梭爆炸事件，當時承包商發現零件異常，提議暫緩發射，然而，承包商的經營層為了避免得罪 NASA 而極力搜集資料，將如期發射的決策合理化，撤回反對發射的提議，最後釀成悲劇。

組織缺乏倫理觀，也受到以下原理的影響。

- 不公開：不受他人監視下，會偷懶或提出虛假報告
- 間接性：若事情牽涉到多個人，則責任歸屬不明確
- 溫水煮青蛙：階段性進行，不知不覺就會超過臨界值
- 偏重結果：當結果沒問題，就不會去在意道德上的問題

舉例來說，組織層級中的反倫理行為包含安隆公司的財務醜聞、次級房貸等。在日本，以往大家認知的優良企業也發生許多難以置信的事件，例如財務醜聞和推銷近乎於詐欺的金融商品等。然而，這些問題並不能從個人的道德層面解決。要解決組織中的倫理問題，應該透過機制，而不是個人意識的教育。這樣讀者應該可以理解，倫理觀並不是只依靠個人的心態就能控制。

應用方法

應用 1. 讓對方事先宣告

要讓對方言行一致，可以試著讓對方採取行動前事先宣告，這裡偏誤 8 所介紹的一致性會發揮效果。一旦話說出口，人就會試圖維持一貫的邏輯，這樣就不容易因情境不同而產生改變。例如可以在輸入表單的開頭設計一個欄位，讓使用者事先寫上自己的看法，就能減少接下來的回答與實際情況間的差距。

應用 2. 過程中予以監督

即使具有倫理觀意識，實際行動時很可能會受到現場氛圍的影響而改變行為，這時候可以運用一些方法，提醒使用者改變行為後會產生什麼影響。這裡可以運用現時偏誤，例如經常使用視覺的方式提醒使用者之後還要向媽媽、上司報告，就能有效讓使用者維持堅定的態度，不流於現場氛圍而改變。或者也可以建立一個受監督的環境，避免使用者的行為偏離常軌，這裡可以運用偏誤 1 所介紹的空想性錯視。

應用 3. 事後加入客觀評價的機制

檢查的功能應該採納第三方評價而非親友的評價，透過以公開為前提的規則等，就能避免對方為了自圓其說而找藉口的情況。重點是必須能客觀評價，因此要運用電腦與自動化的機制，盡量不要依賴人力進行。

人為推進效應（有進度就會更有幹勁）

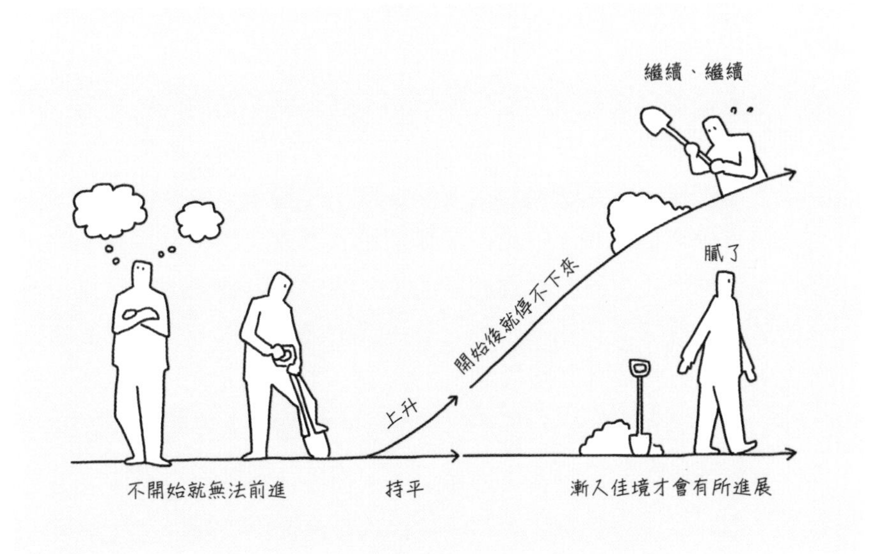

概要

- 比起陷入沈思，著手進行更能產生幹勁
- 起始門檻較低、越能讓人感覺成長，就越容易持續
- 另一方面，也可能產生無法收手的風險

行為的特徵

有句話說「百思不如一試」，總之先採取行動，事情才會有所進展，人也會產生幹勁。

人大多偏好「漸入佳境」。比起持平的薪資，起始金額雖低但逐漸增加的薪資讓人更有幹勁，由此可見，人更偏好有所進展的事物。

重量不重質，這也與「有所進展」的效果有關。陶藝教室將班級分成兩個，一個以質評分，一個以量評分，結果，以量評分的班級有更多學生製作出優秀的作品。這帶給我們的啟發有「比起思考，不如起身行動」、「經歷失敗更能接近成功」、「速度是關鍵」等。

為了讓事情更容易有所進展，我們必須盡量將起始的門檻設低一點。大家一定有過經驗，比起沒有期限，有設定期限的情況下會盡早著手進行，這是因為沒有期限，就不知道要什麼時候開始。自己很難遵守自己設下的期限，年初設立的偉大目標，也很容易在三天後就忘了。設定目標的當下，人的注意力會聚焦於目標完成的狀態，輕忽了初始的行動。是否踏出開始的第一步，與目標是否會延誤有著很大的關聯性。

另一方面，有所進展的狀態也有其風險。著手行動後熱忱逐漸提升，最後可能導致中途無法收手。明明節食時飲食都很節制，但是吃了點什麼之後卻開始失控，變得暴飲暴食，這樣一來甚至可能讓原本的狀態更加惡化。其他例子還有沈迷遊戲、成癮症、過度干涉、吵架、糾葛的戀愛關係等，一旦打開開關，就會陷入「無法收手、停不下來」的狀態。

不過，這個狀態也是有好處的，無論是學業、運動，或興趣，埋首於某項事物最有助於感受自己的成長。這個狀態就是心理學家米哈里．奇克森特米海伊（Mihaly Csiksentmihalyi）所提倡的「心流體驗」。對使用者來說，心流體驗是最愉悅的體驗，是由自己一步步採取行動並發揮高成效的一種狀態。因此，藉由在商品與服務中加入一些巧思，讓使用者在採取行動後備感熱衷，藉此連結到心流體驗，對於使用者與企業來說都是很理想的狀態。

應用方法

應用 1. 一開始就已經有進度

人為推進效應最具代表性的例子是點數卡。使用者通常在成為會員的當下就已經獲得點數，或是拿到已經蓋了一個印章的卡片。接下來在收集點數的過程中，企業會提供達成階段性目標的點數，這也讓使用者更有動機持續。其他例子還有履歷表的輸入欄位中有些項目已經有輸入資料、表單的指定項目在一開始就已經勾選、打開頁面的當下進度列就已經有進度等，應用的實例相當多元。在開始的時間點就已經有進度，會讓使用者更有意願行動。

應用 2. 將目標單純化，讓使用者願意採取行動

行為經濟學家丹．艾瑞利（Dan Ariely）的著作《誰說人是理性的》中有個例子，汽車公司福特為了讓車主記得維修保養，屏棄以往的繁複保養指標，以簡單的三個保養指標取代，這讓許多車主記得進廠維修保養。若是站在開發者與企業的角度，建立繁複的規則，會讓使用者覺得門檻太高，或是太過繁瑣而提不起勁，最後決定什麼也不做。使用率與回收率不高的措施很可能就是受此影響。設定目標時記得要單純、簡單，提供使用者更易於採取行動的環境。

應用 3. 小步進展

小步進展是很重要的，一步到位反而可能會有反效果。例如公司獎勵優秀的員工時，如果一下子就破格升遷或是給出極高報酬，那麼下次只有多給一點，也無法發揮效果。因為人會與上一次比

較，要是沒有更好就無法滿意。成癮症也與這個道理有幾分相似。另外，把事情一次完成，到下次之前就會空出一段時間，這會讓人忘記持續。就像通宵讀書的習慣無法細水長流，半年後的牙齒檢查也幾乎都會被人遺忘。不要給予過度的刺激與波折，一步一步讓好的體驗延續，會是較為理想的狀態。

峰終定律（結果好就一切都好）

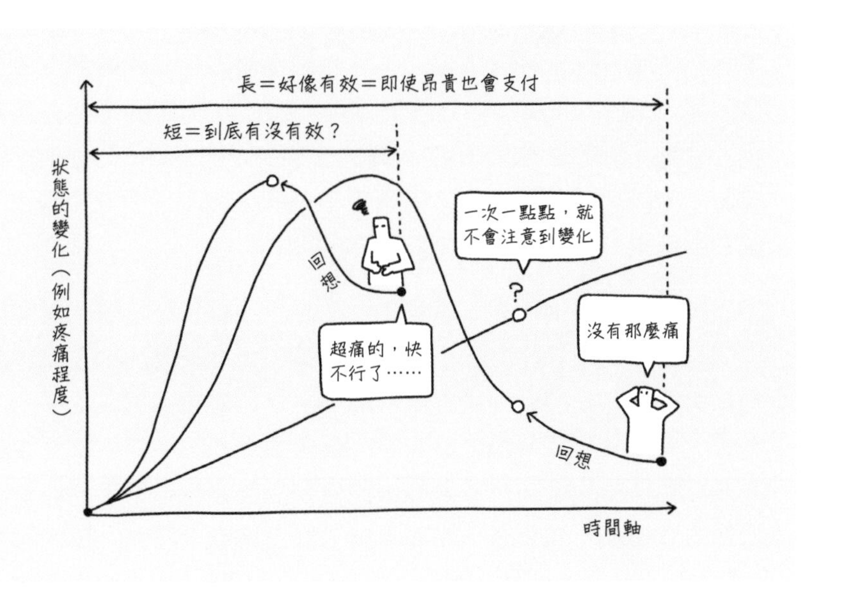

概要

- 比起最開始，最後的時間點帶給人的印象更深刻
- 突然的改變會讓人留下印象，逐步改變則難以察覺
- 花費的時間越多，會讓人覺得越有效

行為的特徵

你看過《致命遊戲》這部電影嗎？麥克・道格拉斯（Michael Douglas）飾演的主角在電影中不斷遭遇煩心事，不過在最後的圓滿結局中一切都變得美好。這種「結果好就一切都好」的思考傾

向，就稱為「峰終定律」。接下來將根據《ダニエル・カーネマン心理と経済を語る》（暫譯：《丹尼爾・康納曼・論心理與經濟》）一書，以三個例子介紹峰終定律的特徵。

第一個與峰的時間有關。大腸內視鏡檢查在某個醫院需要花費 8 分鐘，另一個醫院則是 22 分鐘。人傾向於認為檢查時間越短越不痛苦，但結果並非如此。其實這個檢查裡有個疼痛的高峰，8 分鐘的檢查時間雖短，但是在感覺劇烈疼痛的瞬間立即結束。另一個 22 分鐘的檢查時間雖長，但是結束時的疼痛較為和緩。結果，許多患者回答 22 分鐘的檢查較好。人對於最後的記憶會留下深刻印象，因此，若是遭遇不好的經驗，不要立即結束，讓它再延續一會兒，這樣會留下更好的印象。

第二個則是驚喜的效果。當發生一件出乎預期、讓當事人感到開心的事件，即使原本有著不愉悅的感受，也能瞬間忘卻並轉換為幸福的心情。在文章開頭介紹的電影《致命遊戲》就是其中一個例子。要讓驚喜發揮最大的效果，落差很重要，一開始不要讓對方太過期待，最後再一口氣做出改變，以重置對方當下的心情。相對的，如果一次只有一點點改變，對方將感受不到，這就像是「溫水煮青蛙」的狀態。想要讓對方留下好印象，就要瞬間轉變，反之，不想讓對方留下壞印象，就一點一點地改變。

第三個則是時間與價格的關聯性。假設雖然費用一樣都是 8 千日圓，但是幹練的師傅 A 只要 5 分鐘就能解決問題，修理學徒 B 則要花費 60 分鐘解決，兩個人的技術能力不同。如果冷靜思考，A 能夠較快修理完成，應該是較好的選擇，但是人卻會認為瞬間就修好，8 千塊實在太貴，B 會慢慢地仔細修理，所以價格比較合理。人傾向於為對方的努力付費，但是卻不願意為技能付費。經常加班但效率低落的員工反而評價較高，這在企業中是很常見的現象，或許就是受此因素所致。

如上述，隨著時間推進，人會受到三個因素影響，分別是最後的階段最重要、因急遽變化而轉換心情、認為時間與效果有所關聯。只要留意何時、在哪個時機，以及如何轉變，那麼即使服務的內容相同，也能給予使用者很不一樣的印象。

應用方法

應用 1. 在最後犒賞對方

一般來說，到店購買家具總給人麻煩的感覺，而 IKEA 透過不同的時間配置，將到店購買家具轉換為正面的體驗。使用者在 IKEA 的購物體驗中，有八、九成的時間在逛展示間，最後再一次將商品放入購物車，這時會感覺情緒高昂，結帳後，再吃一下櫃檯附近販售的冰淇淋，這樣一來連剛才走路的疲憊都忘了。IKEA 的巧思，讓消費者在最後階段有愉快的體驗，這讓我們從中學習到很多。

應用 2. 突然轉換氣氛

餐廳也有許多值得我們學習之處。端出蛋糕作為生日驚喜是很典型的驚喜，重點在於氛圍的轉換，先讓整個用餐體驗直到後半段都處於較悠閒舒適的氛圍、在某個時間點關掉電燈、緊接著放音樂。其實 IKEA 的餐廳也提供為孩子慶生的服務，穿著制服的店員突然向自己獻上祝福，這種快閃式的行動具有驚喜效果，應該能帶給人更多愉悅的感受。

應用 3. 延長對方的停留時間

IKEA 的顧客會先花上許多時間仔細地逛展示間，因此停留時間比起一般商場還要長，有些人甚至會逛上一整天。這會促使消費者採取行動，盡量消費，消費者會認為既然都花那麼多時間了，不買點什麼不行，因此會伸手拿起商品，中途吃個飯，最後再買點什麼作為紀念。延長停留時間，對於重視翻桌率的餐廳來說並不容易，不過主題樂園與飯店等行業就可以試著運用、採納這個概念。

偏誤 4.

人會意識到距離

人對距離較近的事物會有較親近的感受，對於較遠或未知的物品則較容易感到不安並提升戒備，採取的態度可謂截然不同。這個道理無論是物理或心理層面的距離都適用。人對於距離感並沒有一定的認知方式，可能會透過以界線劃出內、外範圍，或是以手碰觸尋找共通點，這樣一來，以往感覺疏遠的事物也可能突然變得親近。

稟賦效應（自己擁有的最好）

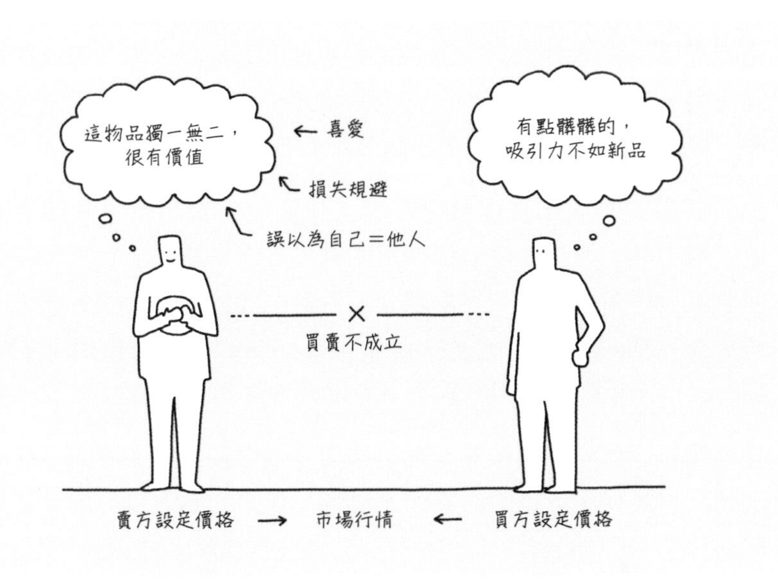

概要

- 持有者設定的價格會高於其他人
- 喜愛、害怕損失、錯誤認知會提升稟賦效應
- 稟賦效應是來自於超乎規格層面的「喜歡」心情

行為的特徵

人一旦擁有某項物品，對於該物品的評價會比他人來得更高，這個現象稱為「稟賦效應」。例如，即使某台車子在他人看來十分破舊，車主本人依然深信自己的車更有味道，比新車更有價值。

行為經濟學家丹・艾瑞利（Dan Ariely）在著作《誰說人是理性的》中提到三個產生稟賦效應的原因。第一個是當自己擁有某項物品，就會深深為之著迷。這與之後將介紹的，觸摸後產生喜歡感受的碰觸效應也有相關。第二個是對於「失去」有強烈的感受。第三個是誤信自己與對方有相同的想法。

有效運用稟賦效應的例子有「試用期」。使用者在三十天免費的試用期間內，自然會覺得試用品就像是自己的物品一樣，因此而決定購買。商品（眼鏡、鞋子、衣服、枕頭等）與訂閱制的服務（音樂、線上課程、付費會員等）大多數都提供試用。

加入試用的機制，就能讓使用者排除價格考量，願意先擁有產品，相對的，一位使用者能試用的量（不僅是物質，這裡也包含服務）也是有限的。如果服務在試用期間結束後自動開始收費，那麼使用者在試用期間就得留意是否該解約，站在使用者的立場，企業必須思考如何不讓使用者對於試用感到有壓力。

使用稟賦效應時必須留意一點，那就是很容易會產生買賣不成立的情況。讓我們以不動產為例來思考，賣方認為「自己的房子真的很棒」，買方則是希望「多少都能買得更划算」，這是一個不協調的情況，但賣方卻沒有察覺自己高估了房子的價值。

提供二手商品交易服務的平台 Mercari 有個顯示參考價格的功能，這對於銷售商品傳達的訊息是「落在這個價格區間就賣得掉」，這樣一來在修正稟賦效應偏誤的同時，也具有能夠立即售出的好處。

要讓稟賦效應發揮作用，關鍵在於我們能否貼近對方的想法，為了讓使用者產生好感，我們必須先撇開能以數值量測的因素，思考是什麼能讓使用者想要持續擁有，這樣一來就有機會找到線索，讓稟賦效應發揮作用。

應用方法

應用 1. 提高身體的運用程度

一般認為，稟賦效應與身體感覺的關聯性很高，例如與熟練度和使用習慣有關的樂器和運動用品，像是會熟悉自己開車習慣、如生物般神奇的汽車，以及做出放下唱針這個復古動作後會傳來音樂的黑膠唱片等，這些物品都較容易引發稟賦效應。加入「透過身體提升熟練度」的元素，讓每個人使用都有不同的結果，就能提高使用者的愛好程度。

應用 2. 讓使用者努力就能獲得

如果人對於擁有的物品抱持很深的感情，通常是因為取得該物品時曾在某方面費盡心思。例如難以購得的門票與鞋子、自己組裝的家具、透過不斷訓練而獲得的肌肉等。不過，讓使用者覺得唾手可得但其實不易入手，也不失為一個方法。

應用 3. 建立資格與身分

沒有實體產品的服務則可以設定證書、階級，這樣一來會比較容易產生稟賦效應。哩程會員、專家認證文件、全年護照等，都是透過資格、身分讓使用者產生愛好的例子。電視遊樂器中也能經常見到這樣的設計，抱著學習的心態遊玩，應該可以找到許多值得參考之處。

27 DIY 效應（過度高估與自己有關的事物）

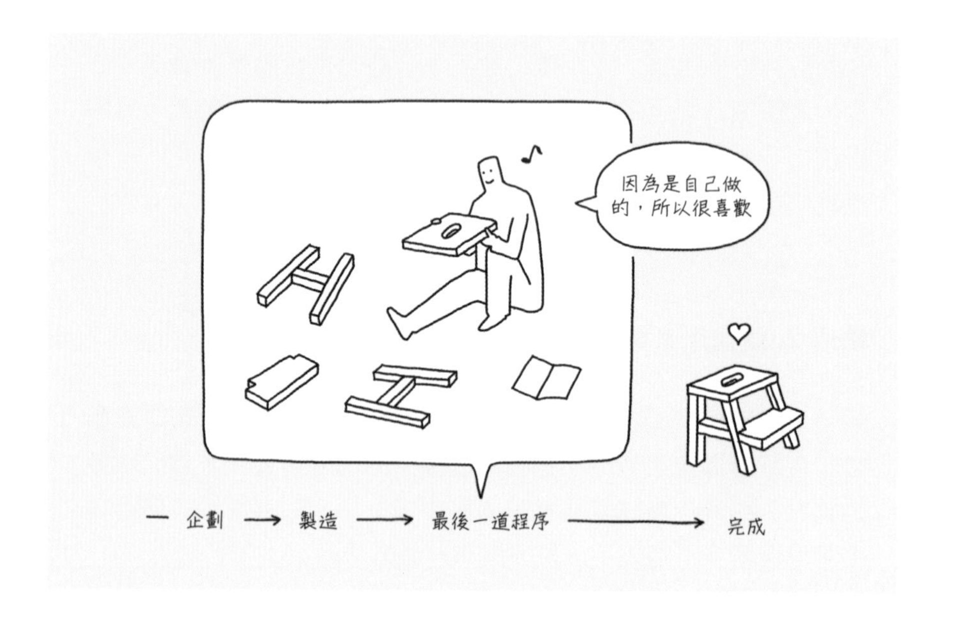

概要

- 人總想要自己動手做
- 即使只是最後的一點小加工，也會讓人萌生喜愛的心情
- 市場在效率上趨向成熟後，人們反而更希望能自己費點力氣

行為的特徵

即使自己只是做點小加工，也會因此感覺更喜歡。讓消費者自行組裝傢俱的 IKEA 就是很具代表性的例子，因此這個現象也可以

稱為 IKEA 效應，不過這裡就且讓我們稱之為「DIY 效應」。IKEA 以前也曾在鬆餅粉等速食食品中運用這個概念，如果製作過程中只需要加入水，就會給人一種偷懶的感覺，但是在增加一道「放入蛋」的手續之後，這項產品隨即大受歡迎。

DIY 效應也可見於迷你四驅車、電動自行車、先建後售式房屋的客製化元素等。數位世界中的許多商品、服務也具有 DIY 效應，像是設定背景畫面、建立播放清單、製作虛擬替身等。

人傾向對自己加工過的物品設定較高的價格，這也跟稟賦效應有關，因為人在萌生喜愛的心情後，會感覺物品與自己的距離縮短。不過必須注意一點，過度高估與自己相關事物的價值可能導致偏見的產生，例如聽不進他人的意見。

DIY 效應的有趣之處是不必全部自己動手做，即使物品已經幾近完成，只是加上最後一道小手續，也會出現 DIY 效應。常見的例子有以兒童為對象的工作坊，小朋友只要將已經完成八成左右的物品稍微整形、上色，就感覺好像是自己做的一樣。商務上在最後階段的簽名、蓋章行為與此也有幾分相似。又或者，從頭到尾旁觀，只有最後稍微在會議露臉、發言、寫個信件，就覺得自己也有參與，這種狡猾的行為也是相同概念。

反過來說，即使花費再多心力，但最後的階段是由別人完成，就不會對事物產生感情。無論是什麼服務，使用者不持續使用的原因都可能是未能參與最後的完成階段。尤其是當孩子處於某件事的完成階段時，父母一定要忍耐不出手協助。

相反的，請對方完成最後一道手續以提升對方的滿意度也是一種方法。在工作上向上司、客戶報告時，比起無懈可擊的內容，留點空白時間聽取對方意見，能讓對方更願意積極評估，因為對方認為自己在最後階段也有參與並提出意見。如果沒有透過某種方式介入，人恐怕很難縮短與對方之間的距離，如果能讓對方提出一點意見，應該能讓對方產生親近的感受。

相較於製作完成品，DIY 效應更加費工，因此並不適合用於重視效率的市場。相反的，不追求效率，能夠享受過程的「食、衣、住」等生活、娛樂、興趣相關的領域，DIY 效應就很有機會發揮效用。人雖然追求效率，但當效率高到沒有自己可以介入的餘地時或許就會感到空虛，並且想要動手做點什麼。

應用方法

應用 1. 讓市場變得不方便

從不露營的人對於露營這種嗜好總認為「為什麼要特地花時間、心力、金錢來找自己碴？」，不過每年依然有許多人樂此不疲。雖然露營用具日趨便利，不過用具再怎麼簡單好用，自己搭帳篷、煮飯、添柴火等都是令人愉悅的體驗。除了露營以外，在已經變得相當便利的市場中逆勢加入 DIY 的元素，也有可能創造出新的市場。

應用 2. 為購買添加一道手續

例如在店家購買觀葉植物時，如果店家提供當場選擇花盆，讓消費者自行換盆的服務，那麼應該可以提升消費者對植物、商店的喜愛程度。而澆水的習慣是商品與使用者行為間的交集，或許可以運用科技提供網路服務，以習慣為出發點，創造出與使用者之間的連結。可以試著從產品購買與習慣建立的情境中，尋找可以添加手續、提升喜好度的交集。

應用 3. 加入手工元素

即便泡咖啡這個動作已經可以自動化，烘豆、手沖等手工的元素依然極受矚目。我們可以試著思考在已經自動化的習慣中，能不能反向加入手工的元素。瀏覽生活風格雜誌的專題文章，或許能夠找到與手工元素有關的靈感。

應用 4. 讓使用者可以蓋章

寫數學題目時，如果完成所有的題目，就可以自己貼上完成貼紙，這個動作能產生「是自己努力完成」的成就感。任天堂 Switch 的主機遊戲「健身拳擊」中，完成單日的訓練菜單，就可以用出拳的方式蓋下完成印章。這個動作看起來沒什麼大不了，卻能讓玩家感到愉悅。像這種在最後階段可以由自己做點什麼的機制，有助於讓使用者保持動力。

28 瑪雅法則（先進程度與熟悉度）

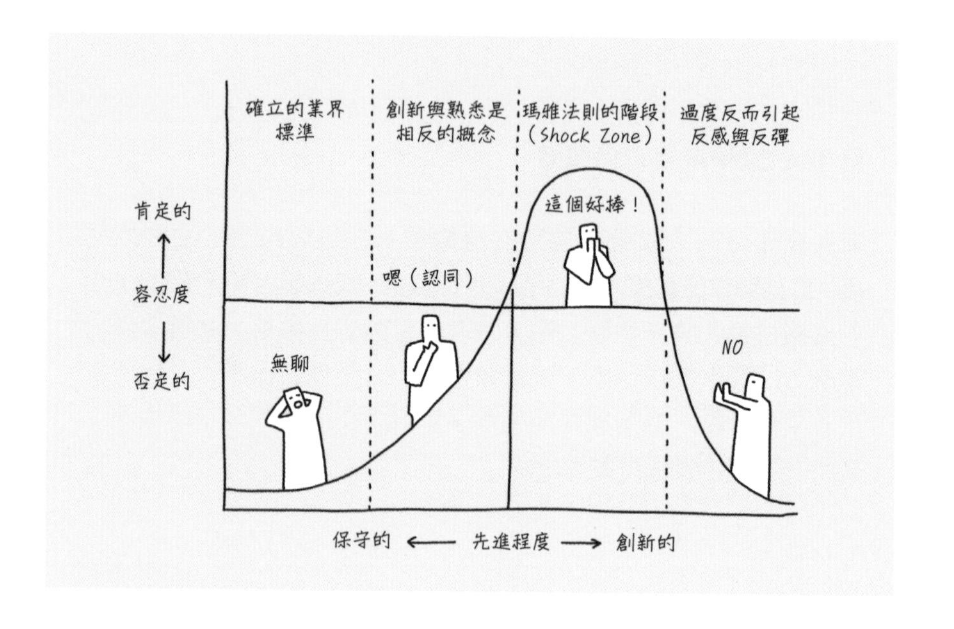

概要

- 人的內心既保守又極度好奇
- 較先進的事物如果具備某個熟悉的元素會更容易被接受
- 單一商品與服務可以兼具先進與熟悉度

行為的特徵

你聽過雷蒙德．洛威（Raymond Loewy）嗎？他是二十世紀的設計師，戰後在美國設計出 Lucky Strike 的香菸包裝、流線型的汽車與冰箱等，在商業上獲得極大成就。

雷蒙德‧洛威在自己的著作《Never Leave Well Enough Alone》中介紹了瑪雅法則（MAYA Principle）。MAYA 是 Most Advanced Yet Acceptable 的縮寫，意指「最先進，但還可以接受」。人的內心既保守又極度好奇，如果能將相對的兩個概念呈現在單一商品與服務中，就能有效吸引人們的關注。接下來將分別說明先進與可接受這兩個概念。

先說明 Advanced ＝先進的概念。如果在有點驚訝、出乎預期的狀況下突然有所領悟，人會在這個當下獲得極大的滿足感。例如玩電動遊戲時，雖然有點困難但努力破關，進到下個關卡後興奮地想著「接下來會發生什麼事呢」，於是又更想往下破關，對於未知事物的好奇來到最高點。人對於不久後的未知事物相當關注，而 Advanced 就是抓住這個心理，讓使用者不覺得膩。

接著是 Acceptable ＝熟悉度。同一個名字聽越多次，同一個人見越多次，就會對那個人、那件事感到熟悉，好感度也隨之提升，這個現象稱為「曝光效應」。較簡單的例子有多次複誦公司、商品名稱的宣傳廣告，以及和選民見面、握手的政治家等。出於熟悉感，即便只是偶爾遇見，實際上對內容也不甚瞭解，使用者還是會沒來由地相信與支持。不過，太過熟悉也可能因此感到厭煩。

瑪雅法則組合了「先進程度」與「熟悉度」這兩個概念，刺激著使用者的心理──「人渴望獲得驚訝感受的同時，也期待安心的感覺」。太過先進令人感到不安，過度熟悉又備感厭倦，兩者間必須呈現絕妙的平衡。雷蒙德‧洛威將這個概念運用在工業產品與商品包裝的設計，抓住使用者的心。雖然這已經是 1950 年代的事，我們還是可以從瑪雅法則尋找打造人氣商品的靈感。而五十年後，另一位實踐瑪雅法則的是賈伯斯，從 iPhone 的發表會可以很明顯地觀察到這點，讓我們在接下來的應用方法詳細說明具體的例子。

應用方法

應用 1. 使用簡單的話語

在 2007 年初代 iPhone 發表會的演說中提到一個概念，「iPod + Phone + Internet」。當時，販售智慧型手機的手機公司是任何人也想像不到的，因此 iPhone 這項產品雖然符合 Most Advanced，但卻是 Not Acceptable。而最後將其轉變為 Yet Acceptable 的則是「結合三個既有功能」的單純訊息，這為熟悉的事物賦予全新的定位。

應用 2. 新與舊的結合

iPhone 的發表會上，相較於極為創新的裝置，展示操作時所使用的歌曲是出自許多人熟悉的樂團披頭四、歌手巴布．狄倫，圖示也以紙本筆記等風格呈現。廣受歡迎的產品，大部分都會採用這種令人感到熟悉的元素，例如電影《星際大戰》是以宇宙為背景的先進世界，但另一方面則以正義與邪惡這種經典主題作為故事題材。此外，任天堂發布新的遊戲機時，也一定會一起推出瑪利歐等經典的角色。

應用 3. 提供實際的體驗

只是透過口頭介紹，並無法讓使用者充分了解一項創新的產品，不如就讓事實說話，在展示後由使用者實際體驗。iPhone 的發表會上也不過度強調理論，而是透過實際操作來展示，或是讓使用者在商店試用，讓使用者理解嶄新的世界近在眼前，而不在遙遠的未來。

碰觸效應（觸摸的效果）

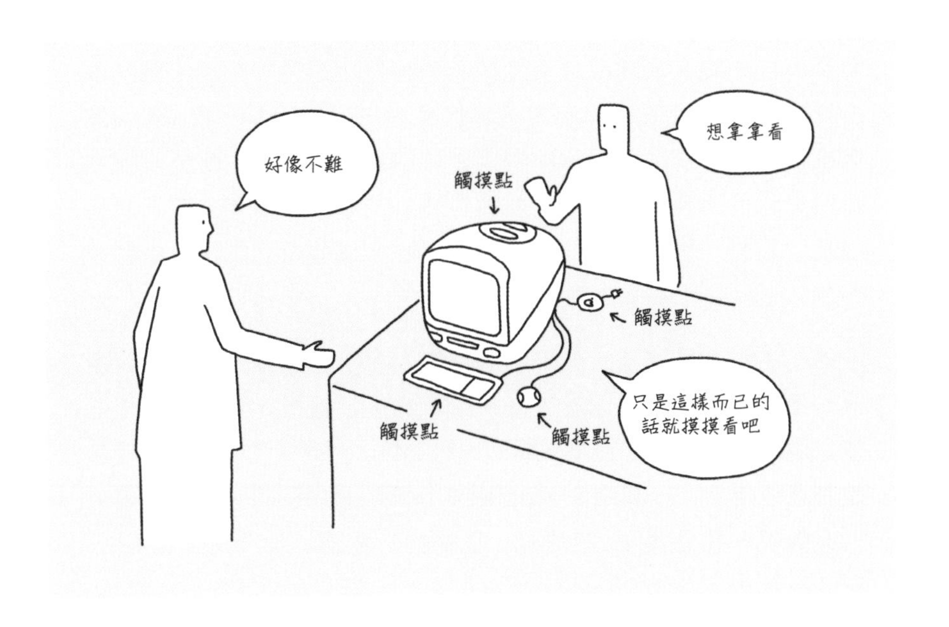

概要

- 以手觸摸後，對於觸摸物品的喜愛程度會提升
- 人與人造物的距離拉近後會進一步採取行動，例如購買
- 暗示使用方式的設計並不等於預設用途

行為的特徵

你知道第一代 iMac 上有個把手嗎？其實這個設計來自設計師強烈的企圖。設計師是強尼・艾夫（Jony Ive），他在開發 iMac 時有個著名的故事。

「看到可怕的東西通常不會伸手觸摸，我的媽媽也不敢碰觸電腦。所以我覺得如果有個握把應該會比較容易接觸吧。握把的話很容易觸摸，不經意就會把它握在手中，就像在暗示別人摸摸看也沒關係一樣，呈現出一種對人的順服態度。」

（摘自《蘋果設計的靈魂：強尼・艾夫傳》，利安德・凱尼著）

時至今日，個人電腦已經普及至一般家庭，這是因為個人電腦的設計中包含易於親近的元素，具代表性的例子有第一代 iMac 的握把。為了讓使用者願意使用，外觀的設計必須讓人想要觸摸，藉此消除使用者內心的不安並萌生親近的感受。實際在商店觸摸後感到喜愛，讓個人電腦有了重大突破。這種藉由觸摸產生好感的現象，就是「碰觸效應」。

硬體上的設計是連結人與電腦的交集。實際上能碰觸的地方有滑鼠、鍵盤、電源線，以及放置家中時的手提握把。設計時將這些地方視為人與電腦的交集，是第一代 iMac 值得關注的部分。無論是有意或無意，一直以來 Apple 推出新產品類別時也都很注重外型與觸感，像是 iMac 的滑鼠、電腦的變壓器、第一代 iPhone、Apple Watch 等。

有一個概念是「預設用途」，它顯示了人與環境間的關係，原本的定義是環境給予生物的意義與價值，然而，許多設計師誤以為這個詞彙的意思，是藉由外型與標示的設計來暗示使用的方式。除了使用方式之外，預設用途也意味著關聯性的設計。從預設用途的觀點看來，iMac 的設計相當優異，不只是因為它的外型能引導使用者依直覺操作，更因為它重新思考了使用者與人造物之間的關係。

由於產品與使用者之間沒有交集，因此，透過觸摸這種原始的體驗讓使用者對人造物萌生好感，就是設計師的任務。順帶一提，在預設用途的定義中，「交集」被稱為 Surface。在第一代 iMac

發布的二十年後，Microsoft 試圖創造出名為「Surface」的硬體交集，以這個觀點來思考是相當有趣的一件事。

應用方法

應用 1. 購買前讓使用者拿在手中

應該有很多人在商店瀏覽衣服或是在超市挑選水果時，會下意識地拿取商品。比照預設用途的概念，這就是拉近自己與產品間距離的動作。當產品屬於實體商品時，不要將它鎖進展示櫃，盡量讓使用者可以觸摸部分的樣品，這會引發使用者的興趣，促使他們採取購買行動。

應用 2. 在具有一致性的前提下使用「角色」

在包裝上加入設計的角色以拉近與使用者的距離，在日本已經是慣用的手法，許多商品與服務都運用了這個方法。不過，如果角色與商品的形象不符，就無法發揮親近的效果。例如某個網站的主頁明明設計得很可愛，點進填寫資料的網頁後，內容與用語卻一下子變得很正式，這樣就沒有良好運用角色所帶來的效果。在使用者所能接觸的範圍內，務必要維持前後的一致性。

應用 3. 消除恐懼

世界上還有許多商品、服務讓使用者感到恐懼。複雜的機制、難解的理論、高姿態的企業等，任誰都無可奈何，但正是如此才更有機會！「一點也不可怕喔」、「沒問題的」，讓我們找出能夠傳遞這些訊息的元素再次突破，就像第一代 iMac 一樣！

30 內集團與外集團（寬以待己的習性）

概要

- 人一下子就會試著將群體分為我方與他方
- 意識到自己屬於某個群體，對於能力與行為也會有所影響
- 獨特性高的內集團較容易對外集團展開攻勢

行為的特徵

明明期許著和平，這個世界卻依然紛爭不斷，這或許很大程度上是受到內集團與外集團的習性不同所致。舉例來說，如果我問你

「你是 Mac 派與 Windows 派？」，你大概也馬上就有答案，而且還立刻想到另一派的缺點吧。總是保持立場中立的人實際上應該不多。

1961 年曾經有個實驗，不過從現在的觀點看來這個實驗有道德上的問題。

當時參加夏季營隊的孩子們被分為兩組，一開始他們都不知道還有另一個組別，並透過群體活動凝聚團隊的向心力。在他們得知還有另一組之後，比賽隨即展開，接著，輸的組別降下對方的旗子並點火，而對方也注意到這個舉動，於是開始爭吵並突襲對方的小屋，衝突越演越烈。

或許你會認為這個實驗太過分，不過，你應該也想像得到很多區分你我、相互衝突的情境，像是學校中的不同班級、不同校的社團比賽、公司內不同部門間的關係等。無論是什麼樣的環境，只要有一定的人數，就會出現「我們 VS 他們」的概念，而認為自己屬於哪個群體，就會將其歸類為內集團，非自己所屬的群體，就會歸類為外集團。簡單來說，就是一種內外關係。群體的形成也因文化圈而異，以日本為例，我們可以明顯觀察到在環境中建立小團體的傾向。

有個很有趣的實驗結果，可以看出人意識到內、外時會產生什麼影響。在美國談到數學時，有個根深柢固的認知是「亞洲人擅長數學、女性不擅長數學」，而實驗讓兼具兩種身分的亞裔美國女性接受算數測試，並於測試前實施問卷調查。問券內容讓其中一組受試者意識到自己的亞洲血統，另一組則意識到自己的女性身分。測試的結果，意識到亞洲血統的組別成績良好，意識到女性身分的組別成績則較差。

這個結果代表兩件事，第一是自己會不經意地意識到所屬的內集團，第二是這個認知也會影響能力。

然而，Apple 在以往的廣告與簡報中多次揶揄外集團 Windows，藉此形塑內集團 Mac 用戶的支持者心理。Apple 總是追求獨特性，因此可以訴諸 Apple 的優勢，對外集團展開攻勢。相對的，第二順位、第三順位的後進服務並無法採取這樣的做法。只要具有獨創性，就能更加強調內集團的優勢。

應用方法

應用 1. 讓對方成為夥伴

人對於內集團的成員會比較寬待，例如給相同職業的人較高評價等，具有寬以待己的傾向。想加入對方的群體時可以顯現彼此的共通點，對方將會把自己歸類為內集團的一員。店員以「我也喜歡這個」為説詞向自己搭話、談論興趣尋找共通點的人，都是在喚起內集團的意識。另一方面也必須注意一點，那就是內集團的意識不能用在負面情境中，發生壞事時，如果告誡某個人「闖禍的就是你們這種人」，反而會讓對方產生錯誤的認知，認為「自己也可以這麼做」。

應用 2. 細分群體

相較於內集團，人在分類外集團時通常只能以概略的特徵區分。例如，日本人可以想像出許多不同人格的日本人，不過在想像外國人的人格時，很容易認定國家＝人。運用人的這種傾向進一步分類內集團，再次區分出內與外，這就相當於特別看重內集團中的內集團，可以讓滿意度有所提升。例如設定很多不同的會員等級，能夠進入較高等級的階層會產生萬中選一的優越感。不過，這些方法也可能助長排擠、偏見、對立等現象，使用時必須特別注意。

應用 3. 樹立共同的假想敵

有一個方法可以讓內集團與外集團間的感情變好，那就是讓新的敵人登場。一旦彼此間必須互相合作才能得救時，群體間的敵對關係將會消失。接著，一直以來視為威脅的對手，就會突然轉變為可靠的夥伴。就像電影《ID4 星際終結者》中地球人團結一致對抗外星人，以及動畫《七龍珠》，上一集還是敵人的角色，從這一集開始卻並肩作戰，都是很好理解的例子。即便實際上沒有敵人，只要可以創造出假想敵，就可以解除與對手間的敵對關係。

懷舊（懷舊行銷）

概要

- 懷舊風情令人感到安心、想要使用商品與服務
- 年紀不同，懷舊的感受方式會隨之改變
- 即使是本人不曾有過的經驗，也可能產生懷舊感受

行為的特徵

正播放著十幾歲時常聽的音樂、氛圍復古的商店，這種帶給人懷舊感受的設計被運用於各種情境。

Nostalgia 的意思是懷舊，這個詞彙一開始與「思鄉病」有關。十七世紀瑞士的傭兵在長期遠征時，出現了不斷哭泣和心跳變快等症狀。將 Nostalgia 一詞分解，則為 Nostos = Return(返回)以及 Alogoa = Pain（痛苦），這個詞彙具有「太痛苦了，我想回去」的負面意義。不過，隨著時間流逝，現代則經常出現正面的應用例子，像是「好懷舊、令人感覺相當自在」。

從研究結果可以得知懷舊具有以下的特徵：比起女性，男性更深受懷舊情懷吸引、三十到五十歲的年齡層最具懷舊意識、懷舊與重複的曝光效應有關、對懷舊的正面情感是來自安心的感受。人對於新歌曲的興趣約在三十歲到達巔峰，在那之後，只聽老歌的比率會變高。

懷舊可以概分為兩種，第一種是個人的懷舊，個人的懷舊是美化自身良好經驗而來。第二種是歷史的懷舊，歷史的懷舊是理想化古早的黃金年代而來。具代表性的例子有描繪舊時代的人氣電影《ALWAYS 守候幸福的三丁目》，即使是不曾經歷過那個年代的年輕人，看了電影後也會感到「懷舊」。人們不太會意識到當時有多辛苦與不便，只會把焦點放在文化與人情等正向的層面，從這裡可以看出，人們總是希望過去是一段美好的歷史與回憶。

應用方法

應用 1. 串連親子世代

電影與電視節目中可以看到許多巧思，除了孩子愛看，也讓父母能夠愉快觀賞。動畫電影《龍貓》讓父母能從懷舊風景的角度欣賞，《妖怪手錶》的動畫則加入父母這一代小時候流行的笑話元素。在《おかあさんといっしょ》（暫譯：《與媽媽同樂》）這個兒童節目中，偶爾也會出現父母小時候觀賞時出現的角色

Jyajyamaru、Pikkoro 與 Porori。像這樣添加一些讓父母感到熟悉的元素，就能讓親子有機會一同參與。

應用 2. 加入熟悉的元素

任天堂遊戲中經常出現懷舊元素。例如《瑪利歐賽車》中，就加入紅白機時代的遊戲——《越野摩托車》的賽道，讓當年的支持者倍感驚喜。《超級瑪利歐奧德賽》是瑪利歐系列中帶給玩家全新操作感受的遊戲，即便如此，它依然加入一部分《超級瑪利歐兄弟》的操作畫面。更新應用程式與網路服務後，如果一切都變得與原本不同，那麼再怎麼簡單易用，依然會讓部分的既有使用者滿頭霧水。這種情況下可以添加以往令人熟悉、親近的元素，藉此緩解使用者的不安感受。

應用 3. 用懷舊填補冰冷的產品

即使是曾經最前衛、最酷的產品，例如超級跑車，隨著時間流逝，人們也會認為它帶有復古風味，這是因為懷舊感是來自安心、自在的感受。如果自己負責的是冰冷的商品或服務，可以稍微加入曾經流行的懷舊元素，藉此拉近與使用者的距離。例如目前的 AI 帶給人冷冰冰的印象，這時就不妨考慮添加懷舊的元素。

偏誤 5.

人會依條件改變選擇

人會因為條件有利或不利而改變行為。如果是機器，無論條件如何都可以冷靜判斷，不過人卻不是如此。比起安心的情緒，人更容易受到不安的情緒驅使、根據以往經驗認為這次一定沒問題，或是想要一舉逆轉局面。人的思考經常會受制於當下的條件。

32 展望理論（規避損失）

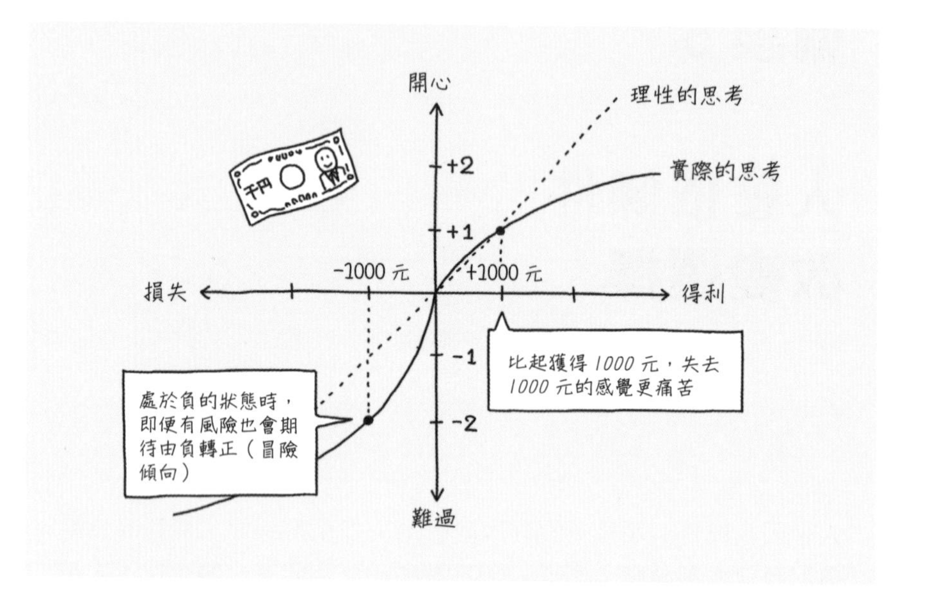

概要

- 比起獲得，人對於損失的感受更深刻
- 人處於有利情況時會規避風險，處於不利情況時則更傾向於冒險
- 以不安情緒煽動人很容易，但長期使人處於不安的狀態，會招致對方的不信任

行為的特徵

沒有人喜歡損失，「展望理論」（Prospect Theory）簡單來說就是損失如何影響人的行為。Prospect 在英文裡是預期、展望的意思。

有兩個實驗能讓我們更了解展望理論。第一個實驗舉出兩個情境並詢問受試者會怎麼選擇，第一個情境是確定能獲得 100 萬元，另一個則是擲硬幣決定，擲到正面可以得到 200 萬元，擲到另一面就什麼都沒有。這個實驗中，大部分的人會選擇確定獲得 100 萬，若以機率來思考，兩個情境可以獲得的金額是一樣的，但是人更重視無法獲利的風險。

第二個實驗也舉出兩個情境並詢問受試者的選擇，一個是確定能從 -200 萬元的狀態變成 -100 萬元，另一個也是 -200 萬元，但擲硬幣擲到正面就會變成 0 元，擲到背面則沒有任何改變。與第一個實驗不同，選擇有機會變成 0 元的人比較多，這些人選擇了風險較高的選項。

從以上兩個實驗可以觀察出人的共通特性，那就是更看重損失的規避。第一個實驗中，人心裡的想法是想降低無法獲利的風險，第二個實驗則是希望盡快脫離欠款的狀態。

使用者選擇旅遊方案時，比起可能產生違約金的方案，更傾向於選擇雖然較貴，但可以安心旅遊的方案，而賭博的時候，也會在賭輸時不自覺變得更加興奮。人會有這樣的念頭，是出於生存本能的影響——為了避免沒有糧食，無法生存下去的情況。不過在現代，這種心理帶來的負面影響比起正面影響更為常見，例如遊戲中激起玩家不勞而獲念頭的賭博元素，還有以不安情緒煽動消費者購買商品的研討會等，這些負面濫用的案例相當引人關注。

煽動不安情緒在短期內或許有助於提升營收，不過長期看來更可能導致品牌形象受損。商品與服務本身必須要讓使用者感到安心，企業如果不以此為前提，使用者就會尋找其他可以放心使用的產品，決定離開以避免再產生不安的感受。

順帶一提，展望理論的行為經常出現在賭博與比賽，因此，閱讀職業棋手、專業雀士（麻將選手）、職業遊戲玩家、職業運動選手等世界一流人士的著作，就能學習面對風險與勝負時的心態建構。

應用方法

應用 1. 讓使用者安心

在網路進行預約時，出現的「現在有〇人正在瀏覽」、「剩下〇個空位，請盡速預約」等訊息，就是希望讓規避風險的心理奏效，讓使用者出於擔心而採取行動。不過，這種網站的做法會讓使用者意識到風險，因此，當其他可以安心預約的網站出現時，使用者應該會轉而選擇其他網站（因為剩下〇個空位實際上也不一定是正確資訊）。如果將提示的訊息改為「請放心」、「還有其他選擇喔」來安撫使用者，長期下來應該能讓品牌價值有所提升。

應用 2. 給予回饋

購買商品後，使用者不一定只會有愉悅的感受，也有可能因為擔心「說不定還有其他更好的產品」而感到不安。如果使用者一直是這樣的心情，下次可能就會為了規避損失而轉為尋找其他選項，不再使用原本的產品。因此，使用者購買自己的產品後可以馬上向對方表達感謝，讓對方對自己的選擇產生認同、肯定的感受，藉此消除不安的心情。

應用 3. 反向操作，將自己逼入困境勇敢冒險

有勇氣的經營者看起來好像總是把自己逼入困境，創造能夠果斷冒險的環境。反過來說，人一直處在沒有負面條件的情境下會變得不想承擔風險，面臨改變時就無法因應，這個概念從事業策略到商品、服務的企劃都可以適用。多數人願意接受的通常是風險較低且較為保險的提案，如果想追求改變，有時培養危機意識是相當有效的。

過度辯證效應（報酬與幹勁）

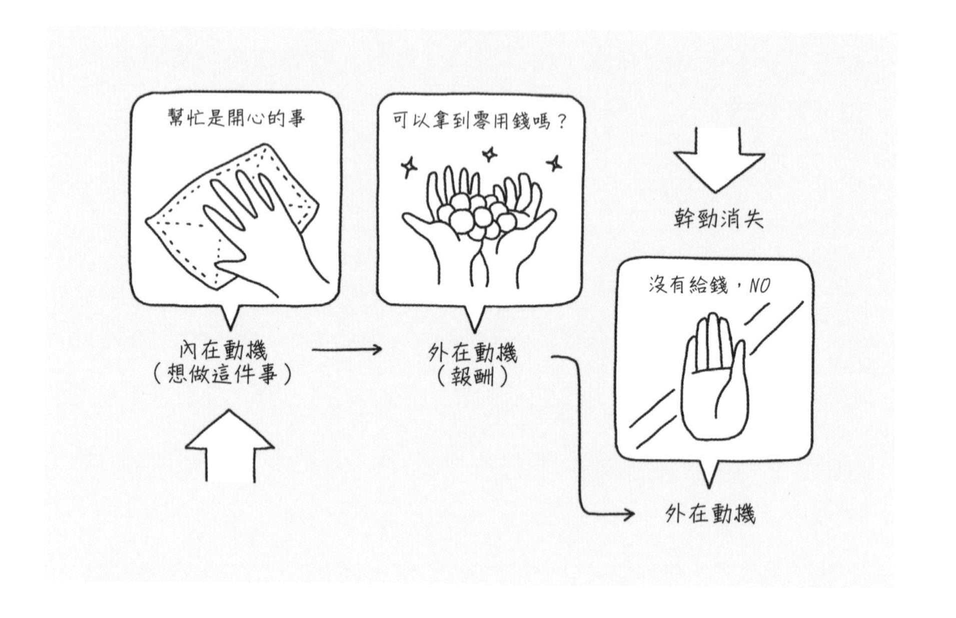

概要

- 喜歡的事情加上報酬以後，會讓動機改變
- 外在動機在沒有報酬的情況下將無法持續
- 內在動機不會簡單地被消磨

行為的特徵

如果一個人「是因為自己想做才做的」，這時候給他報酬反而會消磨掉他的幹勁。過度辯證效應在英文中也可稱為 Undermining

Effect，Undermining 指的是「破壞根基」。舉例來說，孩子原本是因為自己喜歡而幫忙，但在給予獎賞後，幫忙就變成獲得獎賞的手段。一開始明明是出於喜歡而幫忙，獲得報酬後卻產生「下次如果沒有獎賞我就不幫忙」的想法，讓原有的基礎崩盤。

幹勁受到內在與外在的兩種動機影響。外在是金錢與獎賞等報酬，內在則是本人自發性想要做的念頭，而這裡的問題在於外在動機。

世界上有許多服務試圖賦予使用者外在動機，不過，一旦中途停止給予報酬，使用者就會立刻轉身離開。例如，使用者雖然對 QR Code 掃碼支付感興趣，但是現金回饋期間結束後卻停止使用、參加活動的志工因為其他人是有償服務而倍感空虛，最後決定不再參與，又或者彈琴雖然是開心的事，但隨著受到稱讚的次數越來越少就不再彈奏，這些都是相關的例子。而就如彈奏鋼琴的例子，讚美等非金錢的報酬也屬於外在動機。

報酬並不一定是壞事，也有一種效應稱為「赫洛克效應 」，是藉由給予報酬延續對方的幹勁。不過，直到使用者的動機從外在轉化為內在（出於喜歡才做的狀態）為止，都必須持續提供某種報酬。員工的加薪、獎金就屬於這個概念，不過收取報酬的一方會將持續獲得的狀態視為理所當然，因此過程中並不容易找到停止提供報酬的時機。

相對的，自發性的動機就很強大，以某項產品的支持者來說，即使沒有報酬，支持者也會向自己的朋友推薦產品，有需要時也會願意提供協助。只要是真心喜歡產品的品牌，就不會受到規格、價格因素而有所動搖，並且願意一直支持下去。對於愛好自己產品的使用者，從感情層面延續彼此的關係，會比金錢層面來得更有效。

在日本的社會福利與公共政策領域，透過金錢等外在報酬賦予動機這種了無新意的政策相當常見，這些政策並沒有充分運用設計，從感情層面延續與使用者之間的連結。像這種不以利益為首要目標的領域，透過設計為參與的使用者賦予內在動機更顯得重要。請不要輕易地提供報酬，務必謹慎應對以免使用者失去幹勁。

應用方法

應用 1. 停止透過金錢建立關係

許多服務的促銷活動讓使用者因為優惠而決定加入。例如免費加入會員、限時的現金回饋、「我最便宜」等促銷手法。不過，以金錢賦予動機難以讓使用者持續使用服務，原因在於這對企業端來說都是支出。有些服務將解約的手續複雜化，以降低使用者停用服務的機率，不過這麼一來也會讓使用者失去對服務的好感。

我們應該思考的，是如何對起初受到報酬吸引的使用者提供報酬以外的體驗價值，這是為了建立情感層面的連結，讓使用者認為產品「用起來很愉悅」、「比想像中還方便」、「讓生活中的想法有些改變」。請仔細尋找將外在動機轉換為內在動機的時機。

應用 2. 將讚美自動化

媒體平台 note 經常給予我讚美，例如在我寫完文章時告訴我「連續〇週發布文章，真是太厲害了！」，或是我只是按下喜歡的按鈕，也給我獎勵勳章。使用者其實知道這些通知是自動傳送的，不過，即使如此還是感到開心。由於是自動化，因此重複再多次還是會得到讚美，而且讚美不是金錢，所以可以無窮無盡地給予報酬。還有一點，讚美並不是統一以一群人為對象，而是針對每個人客製化，這是數位科技才有的優勢。持續讚美的過程中，很可能將使用者的外在動機轉換為內在動機。

應用 3. 激發對方的好奇心

提升自發性的最佳動機是「好奇心」。以前的經典就蘊藏了很多提示，告訴我們如何讓好奇心得以持續。無論在什麼時代，要激發人的自發性，就要把目光聚焦在不受流行影響的一般性事物。

- 讀書：因為覺得「我懂！」而感到開心，這是生涯中得以持續的樂趣。
- 才藝：在練習的過程中身體感到熟悉，具有讓人得以不斷精進技藝的深度。
- 運動：並非只是紙上談兵，再怎麼努力都還能「更完美」。

賭徒謬誤（下次肯定會……）

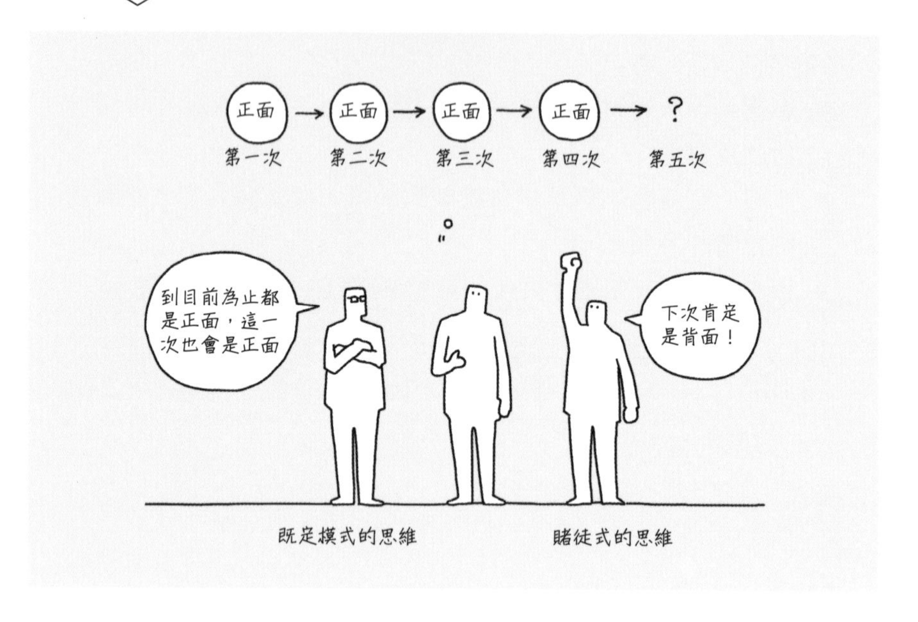

概要

- 人會根據過去的經驗，產生「下次肯定會……」的想法
- 單次時間較短、覺得就差一點、稀有元素會激發人不勞而獲的欲望
- 過度激發人不勞而獲的欲望，最後會導致社會問題

行為的特徵

「我覺得下次肯定會中」，賭博時如果有這種想法就要注意了。擲硬幣連續四次擲到正面時，很多人會認為「下次差不多該擲到背面了吧」。不過，兩面的機率其實都是 50%。相同的，賭博連續輸了四次後，會覺得「下次應該就能贏了吧」，這種想法就是賭徒式的思維。人總是傾向於將以往的經驗賦予某種意義。

這個「下次肯定會」的想法，對近年的賭博與電玩有著很大的影響。文化人類學者娜塔莎・道・舒爾（Natasha Dow Schüll）在著作《Addiction By Design》（暫譯：《設計成癮》）提及，在拉斯維加斯等賭場中，獲利最高的是吃角子老虎機，其背後有幾個因素。第一，吃角子老虎機是機器，相較於賽馬或其他賭局，更能夠以自己的步調遊玩，而且很快就會知道輸贏的結果。由於單次賭注的時間較短，每次金額也不高，所以容易持續，再加上它具有「只差一點」（可惜）的元素，這會讓賭徒覺得「下次肯定會贏」而難以收手。此外，機器是可以二十四小時運作的，隨時都可以遊玩，這會讓賭徒把生活都投入賭局。還有，這個遊戲想玩幾次就能玩幾次，而不是一次定勝負，這也影響著賭局的收益率。

遊戲中因為「下次肯定會」的想法導致社會問題的例子有「虛擬轉蛋」。社群遊戲經常使用的商業模式為免費增值（Freemium），免費增值指的是一開始免費，但用戶在使用過程中會被要求付費的機制。Dropbox 等服務就是免費增值中具代表性的例子。

免費增值的營收計算公式是這樣計算的，假設某個遊戲有 10 萬個活躍用戶，如果有 5% 的人平均單日課金 200 日圓，每日就有 100 萬，一年預計就有 3.65 億日元的營收。如果是以 5000 日圓賣斷的遊戲軟體，要達到相同的年營收預期，就需要有 7.3 萬人購買，由此可知，如果採取免費增值模式，在用戶習慣使用後，對提升營收會有更好的效果。虛擬轉蛋的問題在於玩家在一頭熱的狀態下無法進行合理的判斷，而且由於不是現金支付，只需要輕觸一下就能付款，因此很容易會無限次產生「下次肯定會」的念頭……。

1980 年代樂天在日本推出的嚇一跳人巧克力貼紙（ビックリマンシール，巧克力夾心餅乾包裝內所附贈的貼紙）非常流行，其概念也與虛擬轉蛋相似，大家知道這項商品最後為什麼停售嗎？1988 年 8 月，日本的公正交易委員會下達了這樣的指示：取消價差、每個種類的發放機率必須一致、不要透過廣告宣傳特定貼紙的價值。由於這些指示，樂天取消了稀有貼紙，也不再使用高級的貼紙素材，這讓消費者感覺「無趣」而導致人氣下跌。這個事件與虛擬轉蛋所引起的騷動十分相似，追根究底，這兩者的原因是相同的，那就是限制企業過度刺激消費者，避免消費者產生「下次肯定會……」這種不勞而獲的心態。

以下整理出能激發「下次肯定會……」心理的元素。要與使用者建立長期良好的信賴關係，使用「下次肯定會……」的心理時必須謹慎拿捏分寸，不過做得太過度，但是也不要讓使用者感覺無趣。

- 隱約透露下個階段會如何發展
- 將單次的時間縮短
- 傳遞「只差一點」的訊息
- 讓使用者隨時都能再次使用
- 減少初期的損失（中途才加入收費機制）
- 加入稀有元素

應用方法

應用 1. 區分動機與報酬

要賦予使用者動機，可以思考如何讓「樂趣」發揮影響力，而不是以報酬為誘因。以「完成作業就給點心」的例子來說，雖然最初的設定是讓使用者為報酬付出勞力，不過過程中如果能讓使用者了解學習的樂趣，最後發現即使不吃點心也能開心地寫作業，就是一種理想的方式。

應用 2. 不讓使用者感到留戀

真可惜、就快成功了，這種「只差一點」的訊息，是引發「下次肯定會」心態的重要因素。為了讓使用者能舒服地結束體驗，有時候需要清楚告知「GAME OVER」的訊息，不讓使用者感到留戀。尤其是瑪利歐等以小孩為對象的遊戲更能看出這方面的考量。使用者如果能夠順利切換心情，應該就能建立長期的良好關係，並持續使用商品與服務。

心理抗拒（對「不可以」的反彈）

概要

- 越是不被允許就越想反抗
- 每個人都有「自己的人生自己做主」的反抗心態
- 適度運用抗拒心理可以讓使用者感到振奮

行為的特徵

「不要按，絕對不要按喔！」，聽到鴕鳥俱樂部（日本的搞笑藝人三人組）的隊長這麼說，反而感覺不按不行，這個作用就稱為「心理抗拒」。

鴕鳥俱樂部的例子並非例外，任何人應該都有過想要反抗的經驗，像是走進禁止進入的區域、打開被叮囑不能打開的箱子、辱罵老師等等。抗拒是人最根本的行為心理，也是從很久以前就極為常見的故事設定。舊約聖經裡偷嚐禁果的亞當和夏娃、白鶴報恩、浦島太郎、羅密歐與茱麗葉等故事，都是衍生自人這種越是受到眾人告誡就越是難以抗拒的行為。

實際生活也有許多運用「抗拒」機制的例子。以「每人限購兩個」的廣告為例，消費者越是受到數量的限制，更是會想盡辦法取得商品。又或者像是「絕對不能看」這種電影的宣傳口號，也刺激著人們的抗拒心理。

抗拒是每個人與生俱來的天性，曾有實驗以三到五歲的孩子為對象，實施選擇玩具的測試，實驗發現數量有限的玩具中，受到禁止的玩具最受歡迎。為什麼人會有這樣的思考模式呢？其原因來自於「自我效能」，也就是「自己的人生自己決定」這種本能的認知。一直受到他人禁止就會感覺自我效能受威脅，形成心理上的壓力，要抵抗這樣的狀態，就要表達自己的意願，顯示自己不屈服於命令的態度，因此才會做出違逆命令的反應。

心理抗拒是一種觸發機制，會對使用者的自尊心發揮作用。總是採取否定的方式會令人感覺疲倦，也會心生厭惡，因此不要一味地煽動或是禁止，請尊重對方的意願，回歸「肯定自我效能」的根本層面思考應用的方式。

應用方法

應用 1. 點燃使用者心裡的那把火

戶外用品品牌 Patagonia 是一間重視環境保護的公司，他們為環境採取的措施中，具象徵性的例子有「DON'T BUY THIS JACKET

（別買這件夾克）」的廣告，環保意識較強的人會覺得「那麼，就別買這個了吧」，接下來應該又會想「但是什麼都不買又有點不痛快」、「如果有比較注重環保概念的商品我就買！」。另一個例子是神戶女學院大學的廣告標語「女人別上大學」，這個訊息在激發抗拒心態的同時，也讓女性考生發憤學習。如上述例子所示，不否定特定對象，而是針對習慣、制度刺激使用者，就可能促使人們採取行動。

應用 2. 判斷可違反規範的範圍

商業總是伴隨著某些規範，不過違反規範在有些情況下是「可行」的，甚至還可以拓展對方的視野，找到打破業界既有思維的對策。在業務上突破限制也能讓企劃者本人燃起鬥志。不過，有些規範是絕對不能違反的，像是讓開發人員至今的努力付之一炬，還有挑釁既有用戶等，這些都是應該避免的行為。拿捏違反規範的分寸，是一項受到經驗值影響的技能。當自己試圖違反規範時，請記得要冷靜思考。

應用 3. 以否定業界作為切入點

有個方法是反向將否定整個業界作為切入點。具代表性的例子有大家知道的賈伯斯。回過頭看他的簡報，就能發現他有很多否定競爭對手的發言，例如否定 Windows，否定 Blackberry，否定 Netbook 等。聽到他的發言，聽眾會產生強烈的心理抗拒，想著「那，你又會怎麼做？」。這時候再立刻介紹能滿足期待的商品與服務，而且要以簡單且明確的解決方案呈現。切入話題時，先把焦點放在整個業界「其實都是這麼想」以醞釀聽眾的抗拒心態，是一個相當有效的方式。

偏誤 6.

人會依
框架理解

只要是人，無論是誰都戴著有色眼鏡。有色眼鏡指的是偏見與先入為主的觀念。舉例來說，兩個在截然不同的環境與時代下成長的人，即便看待相同的事物，接收到的印象與想法也大相逕庭。透過資訊傳達方式與視覺表現的巧思，可以修正、也可以增強偏見與先入為主的觀念。

36 安慰劑效應（病由心生）

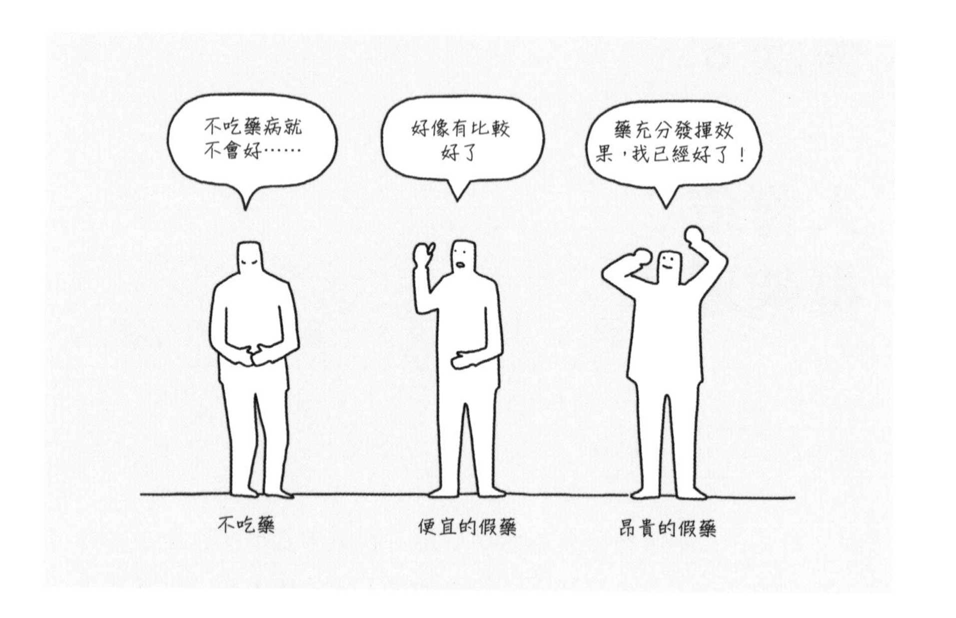

概要

- 只要相信藥是真的，假藥有時也會產生效果
- 人深信高價、稀有的藥更有效
- 對於人的不安加以說明後就能使人相信

行為的特徵

如果人對藥的療效深信不疑，即使是偽藥，症狀也會有所改善，這種現象稱為「安慰劑效應」。

這種效應最早在 19 世紀就有相關紀錄。當時在醫學上普遍認為風濕熱這種疾病只要等待自然緩解即可，不過病人可無法接受這個說法，因此醫師給的處方，是無效但也無害的假藥。之後在 1960 年代，發現即使投以假藥，也可以觀察到症狀緩解的結果，1970 年代，更觀察到藥物名稱比起實際功效更能影響症狀緩解的情況。在這些實驗成果的積累下，安慰劑效應獲得證實。

聽起來實在是不可思議，如果要以俗話闡釋這個效果，那麼「病由心生」，還有「信者得救」就再適合不過了。順帶一提，安慰劑（Placebo）一詞源自於拉丁語，意思是「我將安慰」。

如今也有些公司販售不具療效的假藥，藉由提供假藥給深信「不吃藥不行」的失智症等症狀患者，可以避免患者過度依賴藥物。這樣一來不僅能改善患者的健康狀態，也有助於削減國家的醫療經費，是很好的做法。安慰劑製藥公司的創立者水口直樹在著作《僕は偽薬を売ることにした》（暫譯：《我決定賣假藥》）中詳細說明了安慰劑效應的研究與做法。

人深信價格較高的藥物更具療效。行為經濟學家丹・艾瑞利（Dan Ariely）在 2008 年曾進行相關研究，並獲得搞笑諾貝爾獎。營養飲品的價格從 100 日圓到 1000 日圓以上的都有，應該有不少人會認為「那麼貴，沒效怎麼行」而選擇高價產品吧。這就是使用者只憑藉感受就改變行為，與實際功效毫無相關的例子。

此外，除了價格以外，應該任誰都曾經感覺珍貴的物品效果好像更好。也有其他例子是人會不經意就深深予以讚賞，相信這項事物一定很優異，比方說該事物有一套能說服自己的因果關係與理論、有名人牽涉其中，或是商品有著圈內人才會知道的開發秘聞、場所與建築物歷史悠久且有相關軼聞。像這樣加上可信，或是讓人想要相信的資訊，就更有機會發揮安慰劑效應。

安慰劑效應能夠發揮作用，是受到人「厭惡未知」的影響。也就是說，當資訊不夠充足，或是不知道該如何回應時，人會有所恐懼並備感壓力。相對的，如果有附帶說明，人就能放下心來並深信其效果。

如果，對使用者來說某件事物具有「未知」的本質，只要能夠明確地予以說明，使用者將不會懷疑真偽，而且也願意相信「這個好像有效」。這樣一來將能誘導使用者採取行動、選擇商品與服務。

應用方法

應用 1. 加入「學問」的元素

有時候加入知識的元素也能產生效果。具代表性的例子有受到小學生歡迎的長青商品——「瞬足」運動鞋。阿基里斯（ACHILLES）公司的員工從運動會的觀察中想到一個點子，那就是設計出左右不對稱的鞋底，讓轉彎時能夠跑得更快。從科學的觀點看來，這個設計效果如何並不得而知，不過，該設計看起來有點「學問」，讓人覺得自己「可以跑得很快！」，因此深受小學生的青睞。

應用 2. 加入「祈福」元素

就像宗教一樣，「祈福」元素是透過祈福帶來效果。有個點心就有如祈求考試合格的代名詞，那就是「KitKat」。KitKat 與郵局合作將點心寄給考生的活動備受歡迎，延續已久。即使考生知道巧克力本身並沒有提升成績的效果，但是比起收到與考試無關的零食，收到 KitKat 更能獲得勇氣，而且無論祈福與否都不會帶來損失，因此，可以試著思考是否要在產品中加入具安慰劑效應的元素。

應用 3. 加入「珍貴」的元素

也可以透過權威、稀少性、高昂的價格等，讓使用者覺得商品很珍貴，藉此加強安慰劑效應。預約後要等一年的商店終於能夠前往，消費者應該會在前一天做好心理準備，以便當天能獲得最大的滿足。在前往店家的那一天，也根本不可能進行冷靜的分析與評價。消費者心裡想著這裡很貴、難得可以來，總之要留意尋找店家的優點。為了滿足自己心中認定的珍貴，即便在某種程度上算是欺騙自己，使用者也願意對所有事情展開正向思考。

37 整數效應（概略分類思考）

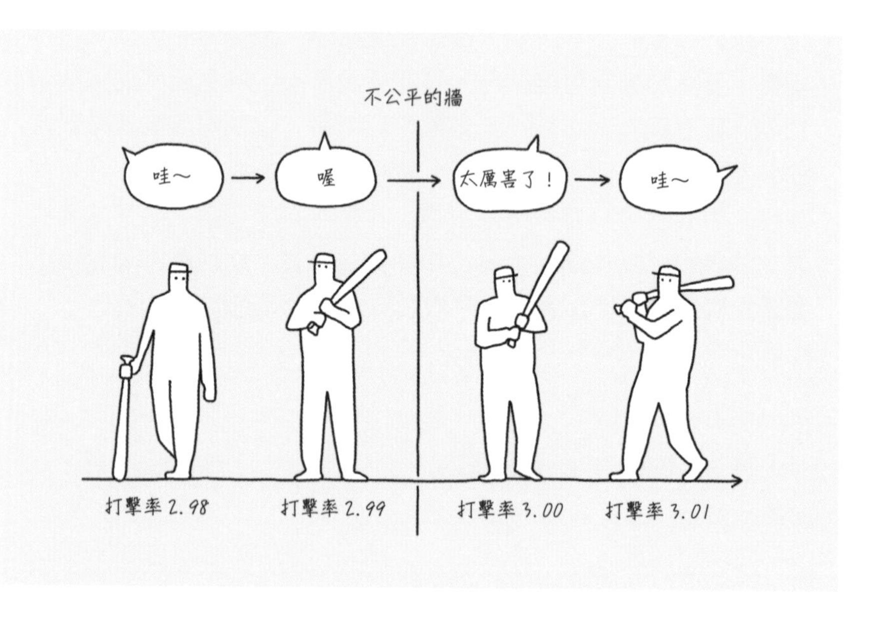

概要

- 偏向整數的數字與前一個數字間，給人的感覺差異很大
- 偏向整數的數字清楚易懂，不過對於印象、評價的影響力也更大
- 人傾向於將非整數的數字調整為整數數字

行為的特徵

即便是相同的數字，給人的印象也因人而異。托比亞斯．莫斯科維茲（Tobias J. Moskowitz）與強．沃海姆（L. Jon Wertheim）在著作《比賽中的行為經濟學：賽場行為與比賽勝負的奧秘》中介紹了以運動、數字為主題的具體例子。

棒球打者的打擊率 2.99 與 3.00 的差異，其實不過是整年賽季的 1000 個打數中，多擊出一支安打而已。然而，觀看棒球賽的觀眾，卻會以開頭的數字是 2 或 3 來判斷打者的能力。美國大聯盟裡打擊率 3.00 與 2.99 的選手，在計算後發現其年薪差異竟然高達 13 萬美金（約 1400 萬日圓），因此，從商業的觀點可以這麼說：比起打擊率 3.00 的打者，招聘打擊率 2.99 的打者入團隊，在營運上會是更好的選擇。

百米賽跑選手跑出 10 秒以下，以及從 9.9 秒縮短至 9.8 秒，兩者引人關注的程度不同。讓父母看考試的結果，如果考 78 分父母會面露不悅，但是考 80 分有時還會受到稱讚。體溫也一樣，人傾向於使用 37.0 度和 37.5 度等較偏向於整數的數字來判斷身體狀態。

像這樣，偏向整數的數字與前一個數字間存在一道不公平的牆，由於偏向整數的數字較容易理解，因此有著容易受到注目的優點，但另一方面，也有著無法充分傳達該數字價值的缺點。

商務上也有許多案例是運用這類數字。比起漂亮的整數 1000 元，稍微調降為 980 元與 999 元讓顧客覺得更便宜，是設定價格時的慣用手法。而 SD 記憶卡反而是在包裝上使用清楚易懂的數字，如 16GB，但實際上的容量則比 16GB 再少一點。也有其他例子，像是提供報價時，有時會去掉尾數，稍微調降價格，不過這個調降的數字幾乎沒有依據。收到報價的一方希望去掉尾數、使用整數的原因，有時也只是為了比較好向上司報告而已。

再回到運動的話題，整數的指標也對運動員本人的進攻、防守姿態有很大的影響。在賽季最終戰，打擊率略微超過三成的打者會因為不想要降為兩成，而試圖選擇保送。相較之下，打擊率略低於三成的打者會更果斷地試著打出安打，周圍的人也會給予協助、支持，希望他「無論如何一定要超過三成！」。由此可知，比起整數，反向設定一個略低的數字，將有助於燃起進攻的鬥志。

應用方法

應用 1. 比起打擊率，不如以安打數為指標

打擊率是一個比率，因此數值會波動。根據偏誤 5 所介紹的展望理論，人會試圖規避損失，只要打擊率有下降的風險，就會轉為採取較保守的思考模式，希望「不要跌破三成」。鈴木一郎就是以安打數為指標，而不是打擊率。安打數是不會下降的，由於它只會增加，因此選手能夠正面地看待數字，像是「只差一點就能累積 200 支安打！」。設定一個整數，讓數字看起來只要努力就有機會達成，這將有助於增加使用者的幹勁。

應用 2. 套用法則

如果只透過數字說明一件事，例如「15.8% 的使用者是……」，對聽眾來說應該很難立即理解。如果改以「這群相當於早期採用者（early adopters），約為 16% 的使用者……」的方式表達，就能賦予數字更深一層的意義。受得證明的理論與法則的數字很有說服力，當數字本身無法吸引使用者，就可以考慮套用某個簡單易懂的理論。

- 柏拉圖法則：80/20
- 海恩法則：1←29←300
- 創新擴散理論：2.5%→13.5%→34.0%→34.0%→16.0%

應用 3. 以概略的數字帶過

「87.5%的人是友善的」，以這種方式呈現數字並沒有什麼效果。這是因為數字太過仔細，感覺不容易懂，而且很可能會被看出母數太少這件事。這時候若改以較概略的方式表達，例如「超過八成」，即使數字本身其實是下降的，也會更容易留下印象。

應用 4. 特意使用非整數加深印象

大家都知道馬拉松的距離是 42.195km 吧？詹姆士．戴森（James Dyson）開發氣旋式吸塵器時，據說試做了 5127 台。如果換成是 5000 台，聽起來感覺就不太真實，而 5127 台則讓人覺得這是一次次嘗試錯誤，辛苦累積的成果。累積的數字如果是依據實際情況計算的非整數，有時給人的印象會更加深刻。

選擇的悖論（選項太多則無法選擇）

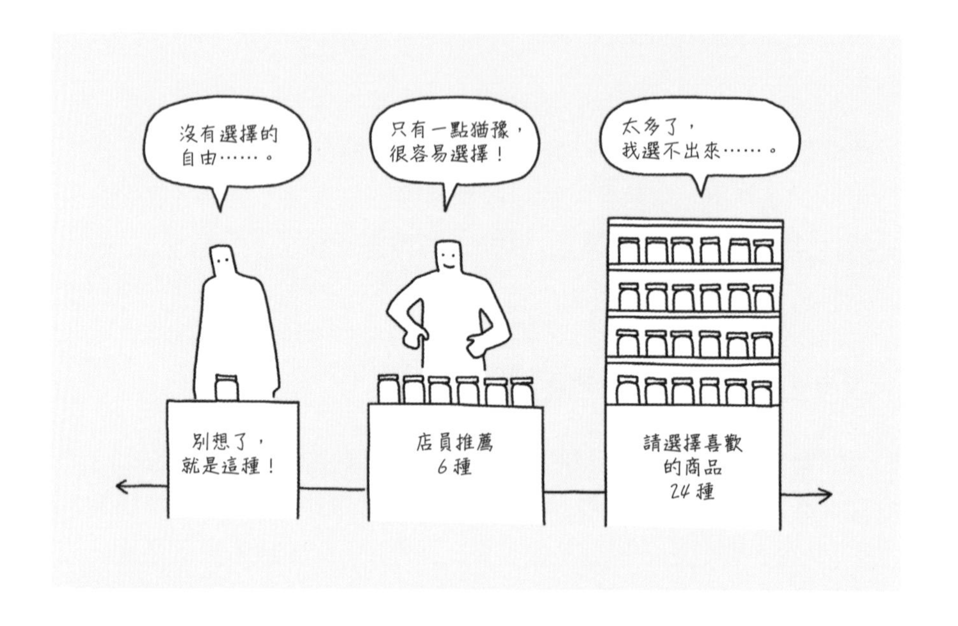

概要

- 選擇太多反而會陷入選擇障礙
- 是否希望能自行選擇，會因文化圈而異
- 有時候不要選擇比較好

行為的特徵

人生是一連串的選擇。一般人會認為「能選擇是好事」，但是這個道理未必適用所有的情境。社會心理學學者希娜．艾恩嘉

（Sheena Iyenger）的著作《誰說選擇是理性的》就是在論述這個主題。我將其特性歸納為三點。

第一點是太多選項反而無法選擇。作者有名的研究成果之一就是果醬實驗，實驗比較架上排列 24 種果醬，與只排列 6 種果醬的結果，發現數量較少的 6 種果醬銷售量更多。使用者一旦面臨太多選項，很容易變得猶豫不決，選擇太多時，將決定不做選擇。因此限制選項數量有時候反而效果更好。

第二點則與個人主義、集體主義有關。歐美社會傾向於認為有更多選擇是好的，而日本等亞洲社會則傾向於認為既定的選擇更好。根據工作熱情與選擇自由度的調查結果，在亞洲社會常見的集體主義下，當意識到上司有選擇權時，工作熱情、滿意度、實際績效的分數表現較高。另一方面，其他區域常見的個人主義下，自己擁有選擇權則有更高的分數。自由並不一定就比較好，也有人認為沒有選擇會更好。

第三點是選擇有時會伴隨著痛苦。當存活率為 50%，非得選擇動手術或不動手術時，做出選擇這件事本身，有時會讓人往後的日子都背負著後悔與罪惡感受。在這樣的情況下，有時放棄選擇會比較好。進行較正面的選擇時，能藉由自身選擇，讓人生往正向發展，進行較負面的選擇時，委由他人選擇，就可以規避過度的責任感。有時候「不做選擇」這個選項是必要的。

選項增加並不等於變得幸福。如果能進入排名較好的大學，未來人生的選項會增加，不過選項增加未必能造就更好的結果。選項帶來的影響可以是正面的，也可以是負面的，端看人如何看待選項。即便選項很少，也下定決心要在選擇有限的情況下做到最好，這樣一來就有可能導向更好的結果。提供選項給使用者時，要理解對方的文化與狀況，對不同的人採取不同的做法。

應用方法

應用 1. 享受猶豫的過程

提出商品與服務的提案時不要只提一個，有時提出多種可能，讓對方「猶豫」一下的效果反而更好。對方可能會想當場決定，也可能想要探索更多的可能。以前 Uniqlo 會提供多種不同配色，讓客戶看了即使不買，也能享受購物的體驗，這是為了讓客戶猶豫而提供的選擇。難以決定要提供什麼選項時，就讓客戶樂於在不同的選項間猶豫，同時留意不要讓客戶就這麼放棄選擇。

應用 2. 透過限制提升品質

許多的創作都是在限制之下誕生。逆勢操作，反向運用嚴格土地規範的建築計畫、受到紙張與印刷條件限制的漫畫等，都是值得學習的例子，想不出好主意時，特意對自己設下限制也是一個方法。有時候使用者也希望受到限制，舉例來說，由於在電影院不能做別的事，因此觀眾更可以專注於內容、特定主題的商店更能有效聚集鐵粉。像這樣減少選項的數量，就可以專注於提升產品價值的品質。

應用 3. 特意加入選項

讓使用者對選擇感到痛苦有時也很有效果。「Rethink」是美國一個當時 14 歲的學生所製作的應用程式，如果用戶試圖在網路上傳送評論，以不實謠言攻擊他人，應用程式會顯示「此評論可能會傷害到某人，是否仍要上傳？」的畫面，並且可以選擇「是」或「不是」。測試的結果是，這個訊息減少了 93%的謠言攻擊行為。特意加入選項，有時可以讓使用者打消念頭。

錨定效應與促發效應（順序很重要）

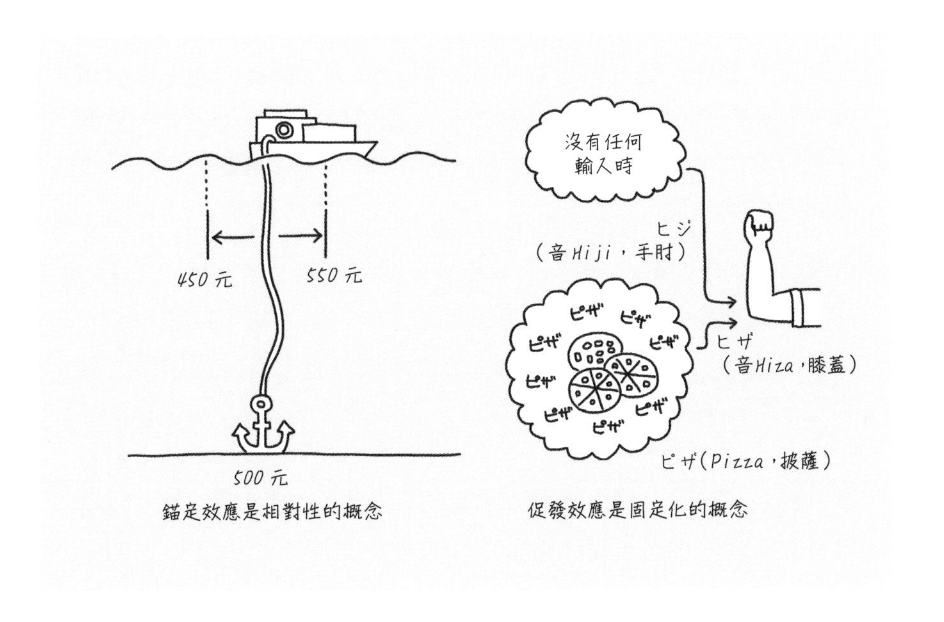

錨定效應是相對性的概念　　促發效應是固定化的概念

概要

- 較早接收到的資訊對人有很大的影響
- 錨定效應是「相對性的概念」，多使用於數字
- 促發效應是「固定化的概念」，多使用於語言

行為的特徵

電腦與人的記憶方式是不同的。電腦可以精確找出之前儲存的內容，無論是 10 秒前，或是 10 年前的資料。另一方面人對於 10 秒前、10 年前的記憶，無論是清楚程度或是印象都會有所改變，

但是卻很擅長找出事物間的關聯性。人記憶的先後關係，會受到「錨定效應」、「促發效應」這兩個概念影響。

錨定效應（Anchoring）的錨是指船錨。船隻抵達港口時，船員會將船錨拋入海底，藉此避免船隻漂流。在心理學與行為經濟學的領域中，錨定效應一詞是用於人的心理。只要有過一次相關記憶，人就會下意識的「拋下船錨」，並且無法離開船錨處太遠。舉例來說，定價 500 元的產品如果特價 280 元，消費者會覺得很划算，但是定價 300 元、特價 280 元，則感覺上差異並不大，而這裡的 500 元、300 元分別是兩個情境中的「錨」。錨定效應主要是運用在數字上。

相對的，促發效應（Priming）的 Prime 指的是先接收到的資訊。使用者對於先收到的資訊留下深刻印象後，對於接下來的內容就會瞬間產生反應。例如在使用者看見美味的餐點後，再讓他們看 S □□ P 的字樣，這時候使用者最先想起的會是 SOUP。還有說了 10 次「ピザ（pizza）」後，會把手指指向的「ヒジ（讀為 hiji，指手肘）」唸成「ヒザ（讀為 hiza，指膝蓋）」的遊戲，也是相同道理。促發效應主要是運用於語言與圖像。

乍看之下非常相似，不過兩者間是有差異的。錨定效應是相對於船錨基準值的擺動幅度，是一種「相對性」的概念，而促發效應是腦中的形象根深蒂固，是一種「固定化的概念」。

對電腦來說，即使兩筆資訊相似，只要不透過編寫程式的方式賦予資訊意義，電腦就會認定兩筆資訊完全無關。相對的，人在接收兩筆資訊後，會找出其中關聯，讓兩筆資訊具有故事性。所以，人雖然也有會錯意的時候，但有時卻能創造出透過邏輯思考想不到的創意構思。

錨定效應與促發效應都與記憶的順序極其相關。即使是相同的資訊，在改變順序、讓資訊的影響程度有強弱之分後，資訊的意義與傳達方式也會跟著改變。順序不同，可以讓資訊的價值加倍，也可能讓其失去價值，因此請留意資訊的提供順序。

應用方法

應用 1. 調換順序

如果顯示價格時是以貴→便宜→中間價位的順序呈現，「便宜」的產品會變得更顯眼。順序的效果不只對金錢有效，其他像是先提負面的消息，再提最好的消息，這樣一來，即使好消息其實沒有那麼厲害，看起來也會很吸引人。如果是廣告單，一般來說都是將價格標示為定價→特價，不過，像是網路、聲音媒體這種以故事形式播放內容的媒體，就可以有效設計時間與順序間的關聯性。

應用 2. 運用口號，讓概念深植人心

許多人認為商務上在說明某件事情時，先說結果會比較好，但其實在一開始就把結論說完，聽眾將會對之後的話題發展失去興趣，也無法感受到說明內容的深度。傳達一件事情時，不要先從結論開始，透過一句聽起來是在向聽眾提問的口號，讓聽眾留下印象，就是運用促發效應的良策。雖然已向聽眾傳遞訊息，卻不說結論，讓對方自己思考，就能埋下促發效應的種子，讓討論的走向，順著拋出訊息者的期待發展。

應用 3. 策略性縮小論點的範圍

如果要以一句話概括錨定效應與促發效應，那就是「概念傳遞」。概念指的是「論點設定」。首先為了讓對方願意針對論點進行對等的討論，可以使用一些詞彙，在對方心中埋下促發效應的種子。而具體提案時，先以最初的提案進行錨定效應，之後再介紹其他提案，這樣就能有意識地縮小討論範圍。進行企劃與設計提案時，使用這樣的策略應該能夠提升成功的機率。

40 框架效應（表達方式決定結果）

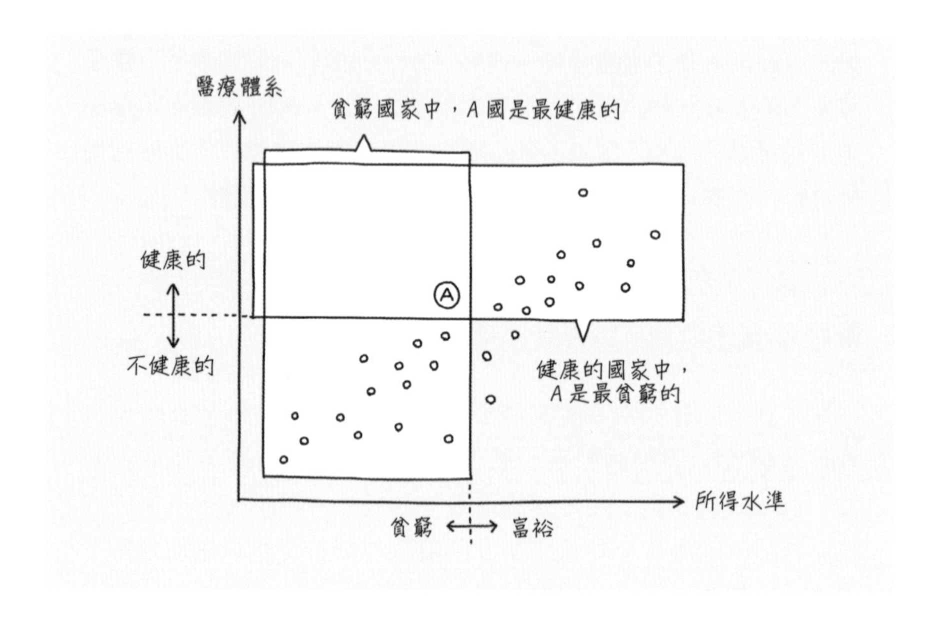

概要

- 即使是相同的內容，切入點不同，給人的印象就不同
- 以正向的方式傳達，較容易促使對方採取行動
- 以強詞奪理的方式強硬操作，會失去使用者的信任

行為的特徵

即使是相同的內容，也會因為傳達方式不同，讓對方的印象大幅改變，這就稱為框架效應。在 2019 年大受討論的著作，由漢斯．

羅斯林（Hans Rosling）等人撰寫的《真確》就介紹了與框架效應有關的內容。舉例來說，有個國家究竟是「貧窮國家中最健康的」，還是「健康的國家中最貧窮的」，這個問題會因為界定的方式不同，在表達上出現一百八十度的轉變。簡單來說，框架效應就是「表達方式決定結果」。

即使內容相同，也會因為數字基準不同，大幅改變使用者的決定。以醫護人員為對象的研究中，如果告知「術後一個月的成功率為 90%」，有 80%的受試者會回答願意動手術。然而，如果告知「術後一個月的死亡率為 10%」，那麼回答願意動手術的受試者就只有 50%。還有，如果告訴學生「成績如果比上一次好，就給你 2000 元」，學生聽了會感到很高興，不過，如果改為告知「給你 2000 元，但如果成績比上一次差，就要還給我」，學生則沒有什麼太大的反應。

框架效應雖然可以透過表達方式，讓他人對單一事實的印象改變，不過也可能遭到濫用或惡意使用，就像電視節目中的說明圖板有時會為了刻意帶風向而扭曲事實，使用錯誤的圖表呈現方式。商務上也有些人會為了讓資料上的圖表好看，使用不夠客觀的呈現方式。這種方式如果被人看破會讓對方深感不信任，甚至可能導致批評蜂擁而至。

框架效應應該用來讓使用者正向看待事物。你聽過日本的「公寓詩（マンションポエム）」廣告嗎？公寓詩指的是公寓銷售傳單上所寫的「住進森林裡」或是「蒞臨豪邸」等廣告標語。接近房屋的入住時期時，售屋傳單上偶爾會出現「最終章（grand finale，義大利文中的結局之意）」等詞彙，這也是框架效應的一種。「最終章」是為了銷售剩餘房屋的廣告詞，藉由使用正面的話語，讓消費者認為現在正是購買的時機。

就像「是杯子裡只剩半杯水，還是杯子裡還有半杯水」這句話也是常見的例子。我們可以思考框架效應的有效應用方式，以正面的態度，讓社會往好的方向發展。

應用方法

應用 1. 告知數量

透過比例來表達，有時很難傳達具體的規模大小。例如公寓的銷售廣告中，如果寫為「已售出 3/4」或是「還剩 25%可售」，消費者並無從得知剩餘的戶數，因此不會感到著急。相對的，如果寫下「還剩 5 戶」，就會產生「只剩一點」的框架效應，讓消費者認為錯過不再。以具體數字告知的這種方法，在預約飯店、座位時也經常可見，這與偏誤 5 所介紹的，想要規避損失的展望理論也有很大的關聯性。

應用 2. 改變單位

有時食品上會看到「添加 1000mg」的標示，如果改變單位，寫為 1g 或 0.001kg，看起來就會覺得很少。將 1 億元寫為 100,000,000 元，或許看起來會覺得數字更大。想要強調、讓數量有放大效果的時候就使用較小的單位，想要讓數量看起來較小時就使用大單位，會是一個有效的做法。

應用 3. 以言詞修飾數字

一樣是兩天，寫為「只要兩天」還有「需要整整兩天」，看起來的時間長度就大不相同。當然，我們不可以在言詞上說謊或造假，不過數字是客觀的資訊，為了告訴使用者數字對他們來說有什麼樣的價值，使用言語來修飾、補充，是很有效的方式。

偏誤 7.

人會依情緒反應

對任何人來說，採取行動時要無視自己的情感是一項艱鉅的任務。尤其是喜歡、輕鬆等出於本能的感受更是令人難以抗拒。讓商品與服務的使用者擁有正面的感受，對於他們是否願意購買、使用會產生很大的影響。認知到人並不是機器，是一種感性的生物，並仔細地予以觀察，就能發現誘導使用者採取行動的秘訣。

41 友好（喜愛則寬容）

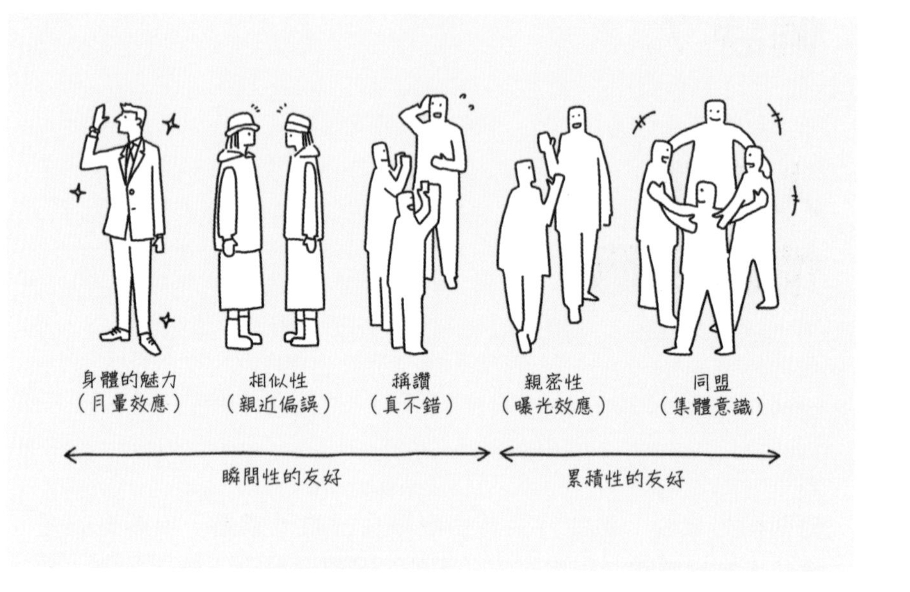

概要

- 人對於喜歡的事物接受度較高
- 「喜歡」可以分為瞬間性的友好與累積性的友好
- 人對商品與服務的好惡，就像是對人也會留下印象一般

行為的特徵

如果對對方有好感，無論對話的內容為何，都會更容易接受對方的要求。如果對方長得好看，或是說話感覺不錯，一不小心就會

予以接受。看到廣受喜愛的藝人出現在廣告裡，會讓人看到商品就不自覺地掏出錢包，應該許多人都有這種經驗吧。

引發友好感受的因素，分為接下來說明的直接因素 1 ～ 3（瞬間性的友好），以及隨著時間累積而來的間接因素 4 ～ 5（累積性的友好）。

因素 1 是由於身體魅力而產生的好感，稱為「月暈效應（Halo Effect）」。英文是 Halo，不是 Hello，翻為中文則是光環、光暈，它的意思是某個方面特別顯眼，會連帶影響其他特徵，讓其他特徵變得更加醒目。這不只可以用在正向的特徵，顯眼的負面特徵也會讓人對於其他方面的評價跟著降低。

因素 2 是相似性。人很容易受到「親近偏誤」的概念影響，對感覺與自己較相近的人備感親切。人傾向於對外貌與服裝相似的人抱有好感，或是在股票交易時更傾向於選擇公司名稱清楚易懂的股票。

因素 3 與稱讚有關，以最近常用的話語來說就是獲得「讚」數。當周遭的人都很嚴肅時，若有人溫柔地向自己搭話，應該很自然會願意傾聽對方的請求，即便是對方是在推銷。

因素 4 是親密性。無論對象為何，接觸次數越是增加，喜好度也會隨之提升，這就是「曝光效應」。像是容易喜歡上同班同學與同事、對自己人比較寬容，就是因為曝光效應的作用。親密性也與「身體」的元素有關，因此也可能發揮偏誤 4 所介紹的碰觸效應。

因素 5 是同盟關係所衍生的集體意識。隨著時間的累積，人會產生想要互助合作的想法。被銀行強盜押為人質後產生「斯德哥爾摩症候群」而與犯人合作，就是一個最極端的例子。同盟也與偏誤 4 所介紹的內集團、外集團的概念共通。

使用者會產生友好感受，和自己與對方的距離感也大有關聯。讀者可以試著將商品與服務視為「一個人」，而非只是人造、無形的產品，這樣或許就能找到靈感，縮短與使用者間的距離並獲得喜愛。

應用方法

應用 1. 融合憧憬與親近感

認為某個產品「設計真棒！」，就跟對人也會產生好感是相似的概念。例如，Apple 產品的設計好像有點伸懶腰的感覺，Google 的 UI 更平易近人。為設計賦予人的個性，能夠給使用者更清楚明瞭的印象。我們可以思考使用者會喜歡哪一種個性，讓使用者面對產品時感覺產品與自己有共通之處，同時也令人感到憧憬。

應用 2. 在稱讚之後請求

受歡迎的線上服務經常會在使用者使用時給予稱讚。例如只要完成初次設定，就能得到「漂亮！」的稱讚，達成一個小目標也會獲得「恭喜！」的訊息。「稱讚」具有兩大效果，第一個是賦予用戶持續使用的動機，另一個則是更容易請求使用者合作（問券、輸入資訊、介紹給朋友等）。比起花錢打廣告，不如在稱讚使用者之後馬上請求對方，即使沒有花錢，也有機會獲得很好的反應。

應用 3. 合作、共享

親密性與同盟能夠鞏固商品、服務與支持者間的連結，例如運動領域中支持者與選手之間的關係。選手回應支持者的支持與期待，能讓團隊氣氛更加熱絡，觀賽門票與商品營收增加，提供的服務也會更加活絡，整體來說會產生正向的循環。數位服務也是如此，例如由共享經濟社群所形成的商業模式，也是在「製作者」、「使用者」彼此間的關係下成長。

42 欺騙（每個人都想輕鬆）

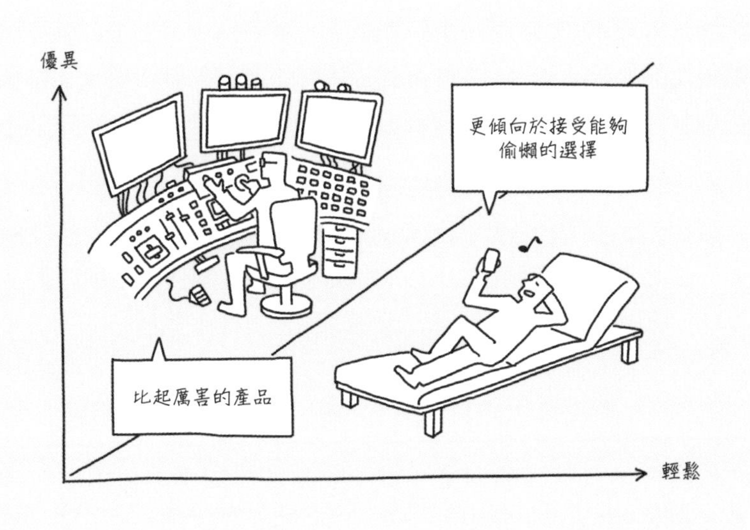

概要

- 比起「厲害」，人更傾向於選擇「輕鬆」
- 但不一定願意為了輕鬆而支付高額費用
- 人變得輕鬆之後，會將努力轉移到其他事物上

行為的特徵

人在本質上是一種懶惰的生物，從這個方向思考，或許開發人員會注意到一直以來強行加在使用者身上的負擔，願意開始設計更

簡單的產品與服務。《行為改變科學的實務設計｜活用心理學與行為經濟學》的作者史蒂芬·溫德爾（Stephen Wendel）在書中提到，幫助使用者採取行動的策略之一，是以往甚少有學術研究的方法——欺騙。欺騙（Cheat）具有耍手段、擅於脱身的涵義，人往往具有這種傾向，更偏好能夠輕鬆的選項。

以技術的觀點來思考欺騙的傾向，可以發現比起厲害的技術，能夠讓人輕鬆的技術對使用者來說更加重要。手機的 QR 碼支付可以普及的原因，以及 3D 影像與 VR 的商用服務難以普及的原因，都讓我們發現使用者能否輕鬆使用是很大的因素。人其實並不是那麼正經又認真的生物。

商業相關的評估很容易遺漏這個觀點，導致不斷追求優異的技術。越是優秀的商務人士，就更深信使用者的個性聰明且勤勞，認為「使用者一定願意做到這個程度」。在行政機構的書寫表單很容易觀察到這個情況，只要表單稍為困難，能夠正確填寫的使用者比例將明顯下降，這對使用者的使用意願也會造成阻礙。

而近年來備受歡迎的商品與服務幾乎都對懶惰的使用者相當友善，例如 iPhone、LINE、日本二手交易平台 Mercari 等，都因為相當容易使用，才廣受歡迎並得以普及。與競爭產品相比，自己的產品規格使用起來不費力的程度，已是衡量使用者使用意願的評估項目之一。

不過，使用欺騙傾向必須注意一點，使用者並不會為了輕鬆而支付高額的使用費，他們充其量只會在相同價格區間內的產品中選擇較輕鬆的一種。賽格威（電動平衡車）因為使用起來相當輕鬆而備受矚目，不過，也有其他更平價的產品可以選擇，如電動腳踏車與電動滑板，如果使用的容易度與方便程度差異不是太大，使用者將選擇後者。

另外，輕鬆便利的技術越多，人是不是會變得無所事事呢？其實不然。人在生活普遍輕鬆後會逐漸從三個方向適應。第一是人會試圖在該領域中突破以往的極限。舉例來說，隨著打字的技術發達，許多長篇小說隨之誕生，相較於文書軟體與個人電腦普及前，人們閱讀的文字量也有飛躍性的成長。第二是人會在其他領域上努力。由於家電的普及，人會花更多時間在料理上，或是外出工作。第三則是人會試圖創造熱愛「麻煩」事物的文化。例如家電普及後露營開始受到歡迎，手機進化後底片相機的支持者增加，人會開始對方便性與效率以外的事物感興趣。

從這點看來，人雖然追求輕鬆，卻並非真的懶惰，或許人就是一種頭腦複雜的生物吧。

應用方法

應用 1. 減少使用者操作步驟

如果開始時已經設定完成，就能讓使用者不感覺麻煩並開始使用。例如購買新幹線指定座位的操作畫面中，在一開始就已經指定好座位，只有希望換位子的人需要重新選擇，這個設定讓使用者能夠輕鬆操作。「放大單一操作」也是相同概念，例如使用鍵盤輸入時只要打一個字，就會出現建議字詞，還有取出飯店房卡就能關閉所有電源等，這些設計都讓使用者能以最少的勞力，進行最多的操作。

應用 2. 讓使用者能「順便」進行

是在使用者採取行動的期間，讓使用者順便進行別件事的方法。例如家庭餐廳讓使用者在用餐時順便填寫問卷，以及應用程式在登入的流程中，讓使用者順便完成個人資料的設定。此外，也可以進一步順勢引導使用者採取某個行動。人在心情好的時候，即使麻煩也比較願意合作，在使用者採取第一個行動時給予讚美，能讓使用者較願意採取下一個行動。

應用 3. 將重複的動作自動化

盡量不要讓使用者重複相同的操作，例如記錄輸入過的密碼，讓使用者不必再次輸入，或是即使未經設定，也會自動為使用者記錄每日習慣進行的操作。如果進一步記錄使用者的習性，提供適合該使用者的自動化設定，而不是制式設定，就能讓服務品質更為提升。使用這個方法，就可以針對個人的行為與習性，例如電子鍋的煮飯模式和健康習慣等，思考許多相關的應用方式。

半夜的情書（一時衝動而後悔）

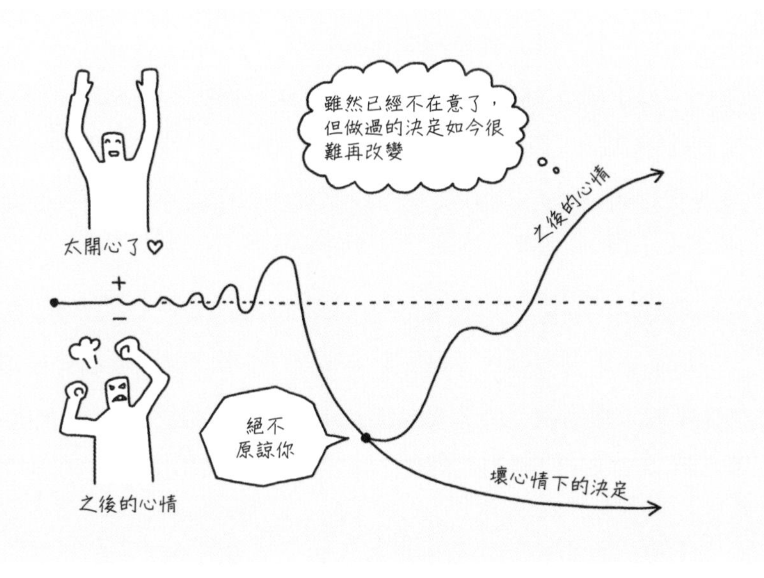

概要

- 在衝動的情緒下採取行動，之後大部分都會後悔
- 已經採取的行動難以取消，這可能導致長期不利的情況
- 當使用者處於負面情緒時，不要催促對方採取行動才是上策

行為的特徵

一覺醒來後重新閱讀卻感到羞恥，這不只會出現在半夜寫下的情書這種青春期時的回憶，應該有許多人書寫工作信件時也有類似的經驗。

在行為經濟學的領域，這個現象被視為情感與行為不一致所導致的機會損失。當人基於短期的情緒採取行動，長期下來容易導致不利的結果。

例如後悔當時在盛怒之下對某個人所說的那些話，還有與同事、戀人間的爭吵，以及對服務感到不滿而提出的客訴等，這些應該是許多人都有過的經驗。出於一時情緒做出長期性的決定可能會導致以下情況，讓人無法隨意行動。

- 那我不做了→想要再試一次，可是沒辦法取消自己說過的話
- 絕對不能原諒→現在覺得可以原諒了，但說不出口
- 受到挑釁而宣戰→冷靜思考後勝算不高

心理學上有個實驗稱為「最後通牒賽局」，這個實驗是觀察手中握有金錢的「提議者」會分多少錢給手中沒有金錢的「反應者」。有個研究進一步應用這個實驗，在還沒分錢以前刺激受試者的情緒，觀察實驗的結果是否有所改變。實驗發現，如果反應者看了令人不悅的電影，則回答「那就不必了」並拒絕收下金錢的人會變多。相反的，反應者如果看了令人心情愉悅的電影，則道謝並坦然收下金錢的人會變多。

這個研究有趣的地方在於，全然無關的事件也會左右人的決策與行為，由此可知，無論是再好的商品與服務，使用者處於不佳的情緒下也會難以接受。因此，我們必須找出對使用者來說最好的時機，別想著一次就解決問題，試著思考如何逐步將負面情境切換到正面情境。

負面情緒會不斷持續，也與自己做決定時受到過去的行為與思考影響有關。例如「之前被冒犯讓我很生氣，因此我要報復」的這種決定，隨著時間流逝也依然會持續，而這樣的傾向在男性身上更是強烈。

由於使用者是人不是機器，不要只是給予罐頭式的回覆，記得觀察對方的情緒，思考消除負面情緒的方法。

應用方法

應用 1. 保留決定

這個建議很單純，就是不要讓對方在盛怒時做決定。表達不滿的信件不要在夜間傳送，可以隔一天再思考，或是傳送前再重新閱讀一次。另外，也可以在對方有負面情緒時提供好的體驗，例如當使用者感到不滿時，不要讓對方當場做出任何判斷，並提供替代的服務，總之就讓對方體驗看看，這樣一來負面的情緒減緩，應該很快就會願意接受提議。

應用 2. 提出非感情層面的條件

據說坂本龍馬也是一個優秀的商人。他是促成薩長同盟的推手，在當時有個著名的軼聞。長州當時與薩摩處於敵對關係，因此心理上不太能接受與之同盟，而坂本龍馬提出一個具有實際利益的條件，如果同盟，長州可以從薩摩獲得武器，薩摩則可以從長州取得米，據說就是這個條件促成同盟的決定。

在對方情緒化時提出具實際利益的條件有兩個好處，第一是能讓對方冷靜，第二是能幫自己找個理由說服對方。要正面說服頑固的人採取行動並不容易，但如果有個理由，就能找到妥協的契機，讓對方覺得「也只好接受」了。如果覺得對方心裡其實願意接受，那麼採取不同角度的進攻方式就相當有效。

遊戲化（遊戲與努力）

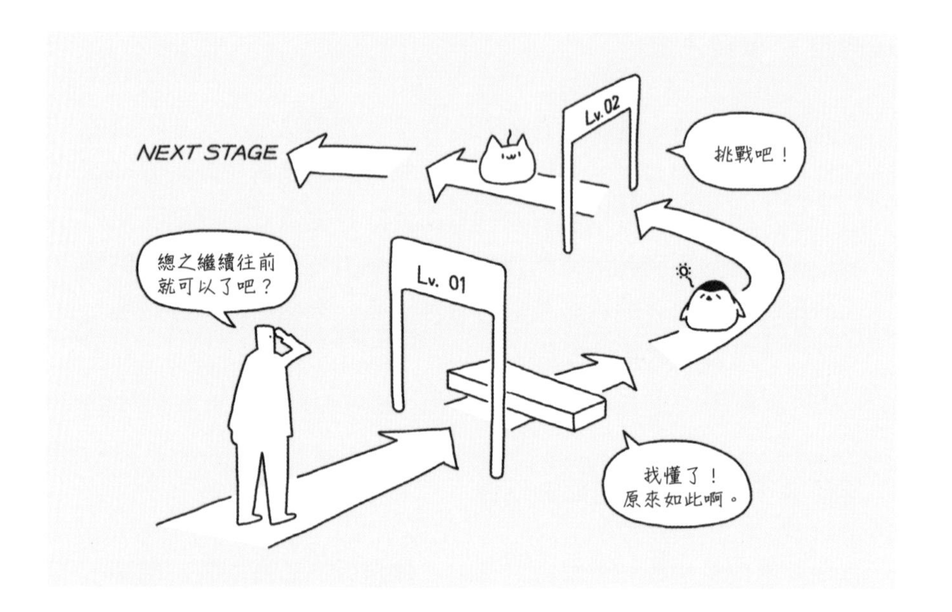

概要

- 遊戲自由且有趣，不會受到報酬與命令左右
- 遊戲能夠訴諸非規格層面的「魅力」
- 可以將遊戲分階段提供給使用者，以拉近與使用者的距離

行為的特徵

不好玩的事情就無法持續，所以遊戲是個不可或缺的元素。「遊戲」從以前在社會學與文化人類學領域中就備受矚目，而最近「遊戲化」這個詞彙也開始受到重視。

歷史學家約翰・赫伊津哈（Johan Huizinga）提出與智慧人（Homo Sapiens）、工匠人（Homo Faber）相對的概念，也就是遊戲人（Homo Ludens），其概念是遊戲比任何事都來得自由、快樂，人一直以來都是透過遊戲創造文化。遊戲與報酬無關，因此它有一個特色，只要人覺得有趣，再怎麼辛苦也都願意持續，這是只出現在人類身上的、不合邏輯但又美好的現象。

社會學家凱窪（Roger Caillois）則對約翰・赫伊津哈的想法有進一步的具體論述，他指出遊戲具有以下四種特徵。

- 競爭性：依規則取勝的遊戲，如體育
- 模擬性：建立假想世界的遊戲，如演戲、扮家家酒
- 機運性：因為未知的未來而感到興奮的遊戲，如賭博
- 暈眩性：體驗速度與錯覺的遊戲，如滑雪、遊樂園等

時至今日，近年商務上也有透過遊戲化加入遊戲元素的案例。例如 iPhone 就像任天堂一樣沒有說明書，使用者對於一步步摸索操作方式感到有趣，因此願意持續使用。再怎麼好的規格，也無法與遊戲的魅力匹敵，即便說明再多產品的優點，依然敵不過「讓人感覺不錯」的商品。

遊戲化有幾個技巧，例如使用解鎖的方式，逐步增加使用者能夠做的事，或是採用分級設計，逐漸提升挑戰的難度，這些方法應該適用於各種企業的服務。也有其他方法，像是使用者只要一看畫面就提示他下一步該怎麼做，或是說個故事讓使用者沈浸其中，我們可以從遊戲中學習到許多這樣的方法，讓使用者毫不遲疑地投入。

尤其越是嚴謹的業界，更需要階段性地親近消費者，有許多商品、服務使用了可愛的插圖與角色，就是為了拉近與消費者的距離。不過，這只是引導使用者的第一步，為了讓使用者持續使

用，企業甚至必須提供遊戲體驗，讓使用者使用後能產生「完成真是太開心了」、「我有新的發現」等感受。

遊戲的力量在於不需説服也能讓使用者感興趣，藉由提高一開始的使用意願，即使過程有點幸苦，使用者也願意持續。約翰・赫伊津哈主張「遊戲是為了努力而存在的功能」，由此也可看出，遊戲與認真可説是一體兩面。

應用方法

應用 1. 嘗試扮演

瑞士的認知發展心理學家皮亞傑（Jean Piaget）曾試著對一群頻繁弄錯三段論法問題的孩子們使用遊戲的元素。當研究人員以認真的語氣向孩子説明時，孩子的回答就會落在研究人員的預測範圍內，然而，一旦改以遊戲的語氣説明，即便是四歲小孩也開始能頻繁地解開問題，這就是凱窪定義中的模擬性（演戲與扮家家酒）。模擬遊戲不僅能提升學習動機，也能有效讓人除去偏見，坦然看待世界。

應用 2. 嘗試競爭

NIKE+ 應用程式讓很多人慢跑時開始使用手機應用程式。透過程式，可以在地圖上查看慢跑的距離，或是參與虛擬比賽與他人競速。運動的樂趣之一在於與他人競爭、合作，這也和偏誤 1 所介紹的同儕效應有關。不過，競爭的狀態雖有樂趣，但打敗對方之後的狀態就不是遊戲，而是優越感了，這點必須區分清楚。

應用 3. 試著設計小遊戲

有些案例是透過遊戲的概念處理社會議題，在一般的會議室討論中是很難產生這種構思的。瑞典有個鋼琴鍵盤造型的階梯，只要在上面走動就能聽到琴音，這是一個很有趣的設計。這個設計讓使用者出於好奇而改走樓梯不搭電扶梯，藉此達到促進民眾健康的效果（不過，據說民眾在熟悉該設計之後使用率就下降了）。

也有其他的例子是對捐款給遊民的行為加入遊戲元素，讓使用者針對某個民調主題以錢幣投票選擇 Yes 或 No，藉此誘導使用者捐款，由於捐款者是帶著社會參與的意識參加，獲贈者也可以在不傷及自尊的前提下收下捐款，因此是個相當良好的設計。

偏誤 8.

人會受制於決定

有時人一旦做了決定，就會讓自己的行動受限，這是因為人的特性是不喜歡自己的思考與行為不一致。過去做的決定有時能促使人採取行動，有時候即使是個錯誤決定也難以修正。讓使用者做決定就像是立下一個標誌，影響使用者之後的行為。

一致性（讓使用者更執著）

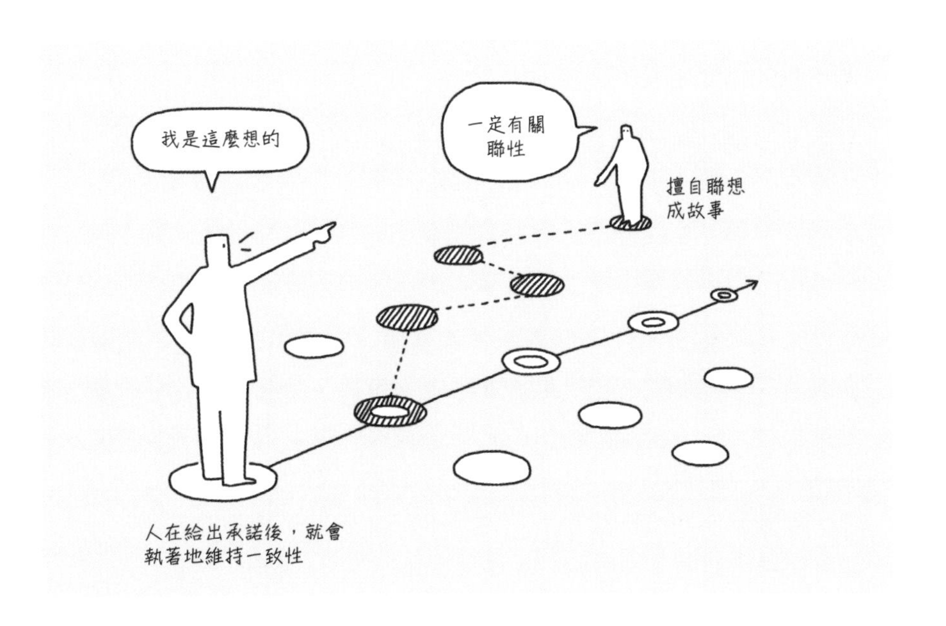

概要

- 人希望自己說過的話與行為具有一致性
- 為了言行一致，會試圖自圓其說
- 人在看見不同的兩個現象時，會試圖找出其中的意義

行為的特徵

人希望自己的發言與態度一致，也希望別人是如此看待自己。一言既出，駟馬難追，想必每個人都曾有這樣的想法。

維持一致性的好處有三個，第一是表裏如一、胸懷坦蕩的人會有較高的社會評價，第二是言行一致的人比較容易獲得他人認可，第三是不必對自己抱持懷疑。在日常工作、生活中，一致性是個不可或缺的能力。

無論是對別人或是自己，人都會強烈要求一致性。因此，無論是發言、展現態度的一方，或是觀察他人發言、態度的一方，在思考時都會過度注重一致性。

發言、表現態度的一方可能會對自己的行為設下限制。主張自己的意見、立場，就稱為承諾（Commitment），政治家的宣言就是承諾的一種。承諾能讓人在社會上獲得信任，也能讓他人感到安心，但承諾也有其風險，一旦給出承諾就無法反悔。

舉例來說，有人問你「你喜歡 A 還是 B ？」，如果你回答「比較喜歡 A」，那就等於是對 A 的選擇做出承諾。接著再問你「喜歡哪個部分？」，你就會舉出 A 的許多優點，以及 B 的許多缺點，但其實你可能覺得 B 也沒有那麼差。有些人會巧妙地運用這種心理，試著限制對方的思考與行為，他們運用技巧誘使對方給出承諾，再告訴對方「你剛剛是這麼說的吧？」，試著利用一致性陷對方於不利。

觀察他人的一方則會試著自圓其說，擅自將所見所聞兜成具一致性的故事，簡單來說就是個人的偏見。例如人看到外面是陰天，而且路上有人拿著傘，就會認為「外面一定在下雨」，不過，實際上行人拿的傘可能只是前一天忘記帶走的，也可能是另有用途。許多人會自己將「陰天」和「傘」這兩件事串成一個故事，這就稱為「錯覺相關」，而錯覺相關也是從一致性的思考方式而來。

孩子不太會思考一致性的問題，是在成長為大人後才會強烈意識到這點，因此，一致性的運用效果有時也會因年齡而異。

應用方法

應用 1. 建立類別

「森林系女孩」和「Normcore（返樸歸真）」等時尚風格，是因為詞彙被賦予的定義而廣為人知，漸漸地喜愛該風格的支持者也增加了。由於人對於新的事物並沒有共同的認知，使用者也很難留意自己的行為是否具一致性。這時候就可以透過名稱、分類等方式建立類別，以提高一致性。

應用 2. 收集同一系列的產品

當使用者受到商品與服務的概念與思想吸引時，企業如果推出風格全然不同的產品，使用者就會認為產品不具一致性，例如時尚與居家佈置產品就適用這個概念。另外，Apple 的使用者也會試著購入所有 Apple 生產的裝置。不過，對使用者設下太多限制，也可能會讓使用者備受拘束和厭煩，因此有時候也需要保留一點彈性空間。

應用 3. 保持某個絕不改變的部份

隨著商品與服務進化，從前的功能與使用方便度逐漸改變，使用者可能一回神就發現最初的產品魅力在不知不覺間已然消失。因此，即使產品有再多改變，維持某個部分絕對不變會是產品長壽的秘訣。例如銷售復刻模型就是一個技巧，讓消費者能回想產品最初的魅力，牢牢抓住支持者的心。

沈沒成本（「可惜」的圈套）

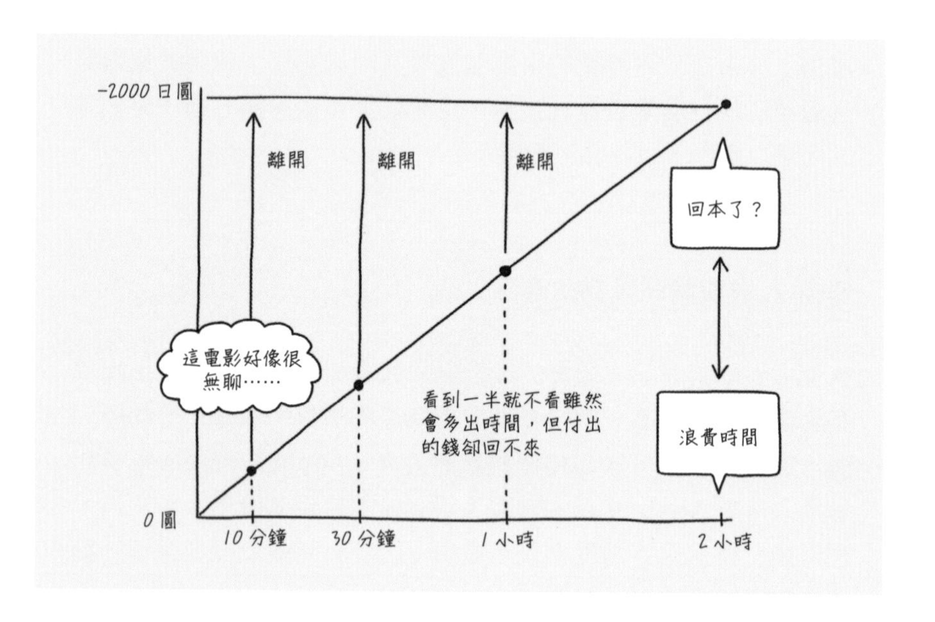

概要

- 先付出金錢就會想著要回本
- 如果將一件事賦予投資、成果等意義，就會變得難以停損
- 有時候不停損、全心投入也很重要

行為的特徵

去看電影時，如果在開演 10 分鐘後覺得內容無聊該怎麼辦呢？這時候可以選擇「都來了，就看到最後吧」，或是判斷「這是在浪費時間，走吧」。

這完全就是「沈沒成本」的概念。看電影前付出的票錢無法取回，電影約莫兩個小時，無論是有趣或無趣，付出的金錢都回不來。既然如此，如果覺得電影無聊就立刻起身離開，對自己來說時間損失會比較小。

沈沒成本英文是 Sunk（Sink ＝下沈的過去分詞）＋ Cost（金錢），意指下沉後回不來的金錢。如果人持續認為「都付錢了，不繼續太可惜了」，就會導致損失逐漸擴大。難以退出市場的協和客機就是沈沒成本的經典例子。

沈沒成本不只是用在金錢，所有投資的時間與勞力都可以使用沈沒成本的概念，像是運動、學習、興趣等。當人無法客觀評估，堅信付出與回報應該成正比，就會錯失退出的時機。

不過，冷靜停損未必在任何情況下都是好事，如果所有事情都只以損失與否來判斷，很可能會錯失自己未曾想過的機會。即使是同樣一部電影，也有人的想法是「我要找到奇怪的畫面跟不合邏輯的地方，當作跟朋友聊天的話題，讓電影票回本！」。偏誤 2 從眾效應中曾介紹的三浦純，在專欄談話中曾有以下的發言。

> 「無論是什麼電影，應該都有人在看完以後，馬上就在電梯附近用一句「真無聊」做出結論，我認為那些都是沒有才能與經驗的人。電影的有趣之處是要靠自己去尋找的。」（じゅんの恩返し - ほぼ日刊イトイ新聞　恩返しその 38　http://www.1101.com/ongaeshi/050823index.html，暫譯：「三浦純的報恩—第 38 回」）

留意沈默成本與進行停損是很重要的概念，但有時候不看沈沒成本、全心投入也是很重要的。停損是以他人的角度思考，把自己投入心力擱置一旁，並冷靜看待的外在觀點。相對的，全心投入則是一種內在觀點，認為努力到最後或許會有新的發現。如果認為自己偏向於其中一端，請記得讓自己在停損與全心投入之間保留彈性調整的空間。

應用方法

應用 1. 以第三者的眼光客觀觀察

花費的時間與勞力未必會與結果成正比。當付出的時間與結果不成正比時，記得退一步以客觀的角度冷靜觀察自己所處的狀況，這樣一來可以避免陷入沈默成本的陷阱，並能在必要時轉換方針。「Japanet Takata」公司的前社長高田明就參考了能劇中「離見之見」的概念，以客觀的角度看待自己，不一味執著於過去的成功與自我風格，時常思考如何透過商品介紹觸動消費者。

應用 2. 以單純的使用者立場發言

產品開發會議上經常會出現一種狀況，那就是努力的方向與主張錯誤。這時候可以試著從使用者的角度發言，例如「使用者遇到這樣的情況應該會很困擾吧」、「如果我是使用者，我真的會購買嗎？」等等。若是完全沈浸在開發端的立場，很容易會遺漏這樣的觀點。請試著以使用者為後盾，為公司付出的勞力停損。

應用 3. 重視對方的心情

不過，觸怒相關成員的心情並不是一件好事。任天堂的前社長岩田聰還是一位活躍的程式設計師時，曾這麼告訴遊戲軟體《MOTHER2》的開發成員：「要運用現有資源修正問題會需要兩年的時間，如果能從零開始，那麼半年的時間內可以完成」。這段話象徵的意義是不要只透過邏輯性觀點做出停損判斷，是否能讓相關成員願意毫無猶豫地做出改變也很重要。請記得，商業的運作需要所有人的互助合作。

應用 4. 設定期限，持之以恆

TED Talk 上有個熱門的影片是《Matt Cutts：用 30 天嘗試新事物》，當一件事情不需要太勉強就能做得到，總之就試著持續 30 天，若是「感覺不對」就改做其他事情，如果覺得「就是這個！」，那就將它化為習慣即可。設定期限能讓我們全心投入，也可以做出停損的判斷，是一個很好的方法。

認知失調（自我洗腦）

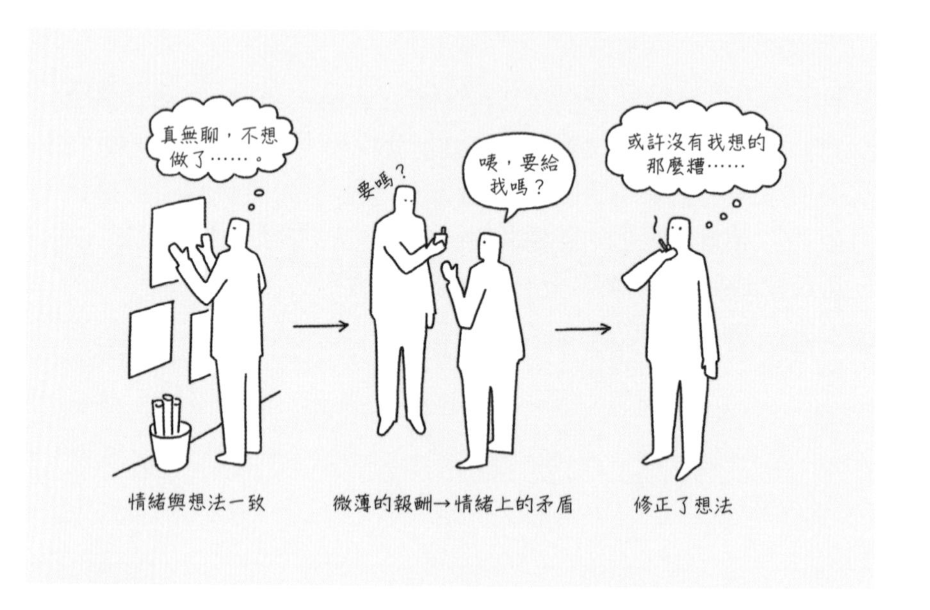

概要

- 當情緒與想法不同調，人會改變自己的想法
- 要改變他人想法，微小的報酬更能奏效
- 可以透過稱讚讓人產生幹勁，但嚴禁濫用這個方法

行為的特徵

當人的想法與行為不一致時就會陷入不愉快的狀態。山口周的書籍《哲學是職場上最有效的武器》提及，洗腦就是利用這種心理機制。邪教與秉持可怕理念的組織為了誘使對方、讓對方無法逃跑，會採取下列兩個步驟。

- 讓對方依組織意願行動
- 給予微薄的報酬

這個單純的機制其實受到認知失調很大的影響。首先要讓對方先做某件事，這個階段對方會產生情緒上的不滿，認為「自己被勉強了」，然而，在提供微小的報酬給對方後，對方會因為收下報酬而沒辦法再有藉口，之前的行為也無法取消，因此會開始覺得「或許有點道理」，試圖修正自己的想法。重複這個過程後，對於要求會不知不覺地照單全收。其實自己內心的「自我洗腦」就是認知失調背後的機制。

這裡的微小報酬是重點所在。太多報酬會讓人產生其他說服自己的理由，像是「為了拿到這筆錢我只好這麼做」，而微小的報酬則難以成為自己採取行為的理由。

心理學家費斯汀格（Leon Festinger）曾做過一個實驗證明這個現象，實驗讓受試者執行無聊的操作，但讓他們告訴下一個人「剛才的操作很有趣」。其中，有一半的人拿到較少報酬，另一半則獲得較多報酬，最後，拿取較少報酬的受試者對於執行操作有較高的滿意度。

洗腦的背後是有明顯意圖的，不過實際的社會情境中，給予報酬的一方經常沒有意識到這件事。如果強勢的上司偶爾會招待飲料就必須注意了，這和警察在偵訊室中一邊威嚇，同時又請嫌疑犯吃豬排丼飯，以促使嫌犯自白是相同的概念。施點小恩小惠對給予者來說不痛不癢，但對於改變對方想法卻極為有效。

這個概念可以應用在商業上使用者沒有意願的情境中，透過稱讚或是贈送小禮物激起使用者的意願，這也算是一種認知失調，不過，在商品與服務上運用這個理論，很可能會演變成操弄使用者的情況，不可不慎。

應用方法

應用 1. 加入「反差」元素

當客人帶著忐忑心情造訪不熟悉的高級餐廳時，服務生優雅、開朗的應對服務，對客人來說就相當於解除心中不安的微小報酬。當產品給人難以親近的感覺時，可以藉由提供溫柔、親切等「反差」元素，讓使用者修正行為與情緒間的差距。

應用 2. 持續讚美

學習時很容易一個不小心又偷懶，工作時也有許多無聊的行政作業，想要讓人提起勁樂在其中，就可以嘗試使用認知失調的機制。就算使用者覺得「真無聊」、「沒意思」，也要告訴他「做得好！」、「幫了我一個大忙！」，這樣一來或許就能讓對方的認知改變。請對方進行帳戶設定等麻煩的操作時，就大力的讚美對方吧。這種引導使用者的方式，就是日語中「豬被吹捧，也會上樹」這句話的正向運用。

應用 3. 透過互惠性吸引對方關注

如果目標客群是其他品牌的愛好者，比起直接訴諸價格，還不如先提供一點微小的報酬，運用互惠性的概念會更有效果。假設商品是啤酒，就可以先提供一瓶給對方，讓他當場喝完並詢問感想，由於拿到啤酒後也不好馬上批評，因此感想應該會是「好喝」之類的正面評價，這樣一來並非出於本意的發言與微小報酬會結合在一起，讓對方有機會改變想法。這就是「有捨必有得」字面上的含義，透過這個方式將有機會開啟銷售的契機。

第 3 章

推力

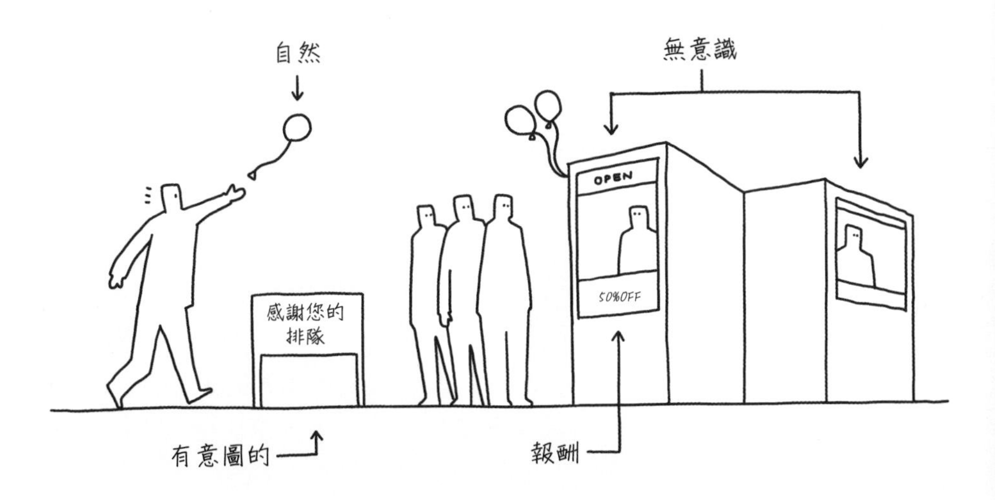

推力 1.

理解推力

第三章將介紹誘導使用者採取行動的方法。首先會說明實務上不可或缺的「推力」概念，接著會介紹在商務上實踐行為經濟學時所能使用的框架。

48 推力的結構

推力是什麼？

第三章將說明如何在實際的商品與服務上運用「推力」。

推力的英文 Nudge 指的是「輕推一下」。就像是輕輕地用手肘推一下使用者，悄悄地促使他們做出理想中的選擇。不過，如果是為了自己的私利而強迫對方，或是很明顯地誘導對方，就算不上是 Nudge，而是 Sludge（意指污泥）了。

因此，推力有個很重要的前提是倫理觀。書籍《推力：決定你的健康、財富與快樂》的作者理查．賽勒和凱斯．桑思坦指出，自由家長制（Libertarian Paternalism）對推力來說是不可或缺的概念。Libertarian 就是 Liberty ＝自由，而 Paternalism 指的則是介入，Pater 指的是父親，是源自於 Patron（贊助者）一詞，與 Pattern（模式）這個詞彙並無相關。自由與介入雖然相互矛盾，不過它的意思其實是在選擇權掌握於使用者手中的情況下，能促使他們做出更好的選擇。如果使用者無法自由做出選擇，那就不是推力了。

推力的目的是讓使用者能正確地進行操作，以及擁有愉悅的使用體驗。從使用者的角度思考商品與服務機制，這個行為其實就能稱之為「設計」。當我們成功將推力設計在商品與服務中，除了能讓企業的價值提升外，也能讓社會因此更美好。

不同的兩個目的

設計推力時，必須反覆檢視兩個觀點。第一個觀點是思考使用者想要的是什麼，另一個觀點則是思考提供商品與服務的企業端希望使用者採取什麼行動。其實使用者端的目的與企業端的目的在大多數的情況下都不一致，這雖然讓設計變得困難，卻也是在設計上費功夫的價值所在。

就像是推力的著名例子，男廁小便斗上的蒼蠅圖案一樣，使用者一注意到蒼蠅，就會不自覺地想要瞄準。這個情況下，使用者的目的其實只是因為好玩而想試試看，不過企業端的目的則是希望廁所能保持清潔，與使用者並不相同。如這個例子所示，雙方的目的雖然各不相同，卻能透過一個設計，也就是蒼蠅圖案這個解決方案，將雙方的目的串連起來。

《仕掛學》的作者松村真宏表示，促使使用者採取行動需要具備三個條件，第一是 Fairness ＝任何人的權益都不會遭受侵犯的公平性，第二是 Attractiveness ＝誘使行動的吸引力，第三則是 Double of Purposes ＝提供者與使用者的目的不同，即雙重目的性。

企業端以理論企劃出的商品、服務，但實際上經常無法讓使用者依照自己的期待行動，其背後的因素大多是設計時沒有考量到使用端的目的。讀者在進行企劃與提案時，記得要試著列出使用者與企業雙方的不同目的，接著，再思考能夠同時滿足這兩個不同目的的解決方案，找到這個解決方案能為我們帶來靈感，有助於讓設計產生推力。

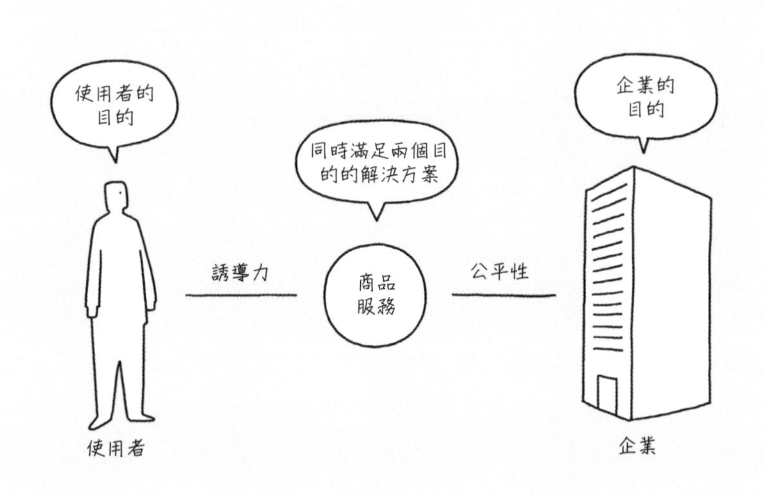

介入程度

話說回來，推力依然還是一個誘使人採取行動的技巧。誘使人採取行動有幾個方法，分別是下圖所列出的強制、要求、交涉，以及推力，這幾個方式的介入程度各不相同。讓我們對照新冠疫情的行政措施來比較。

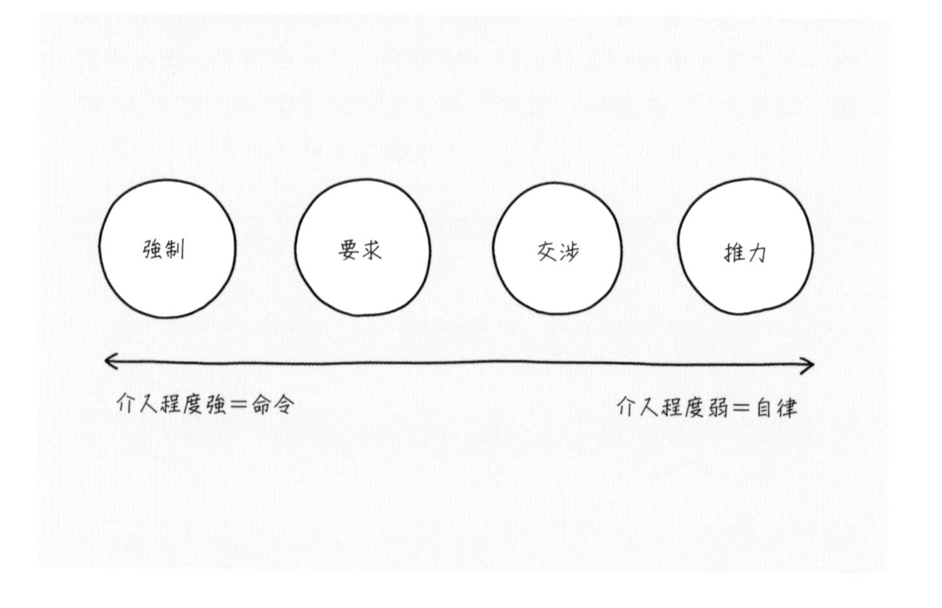

介入程度最高的「強制」就相當於量測體溫、發現感染時在隔離機構進行的 14 天隔離。強制就幾乎等於是命令，在促使人採取行動的方法中是力量最強的一種，不過針對使用者非惡意的行為，是難以透過法律等具強制性的方式來要求對方的。

介入程度第二高的則是「要求」，這在政府和都道府縣等地方行政單位的發布訊息中相當常見。要求對方時，如果彼此都相互理解就沒什麼問題，而配不配合就由使用者自主判斷。有時候行政單位也會對不遵守要求的餐飲店等處以社會制裁，懲罰對方，不過這就不算是要求，而是強迫與威脅了。

「交涉」讓雙方有對話的機會，講求的是 Give & Take（折衷、妥協）。除了金錢條件外（例如調整為遠距工作與縮短營業時間就能獲得補助金），答應對方接受條件後能獲得比他人更有利的條件，也屬於一種交涉條件。交涉看重的是利益得失，因此是較功利、而非出自善意與良心的一種手段。

最後是介入程度最低的「推力」。例如區分商店的出入口以避免群聚與接觸等，屬於不至於造成他人不愉快的設計。像這種不必勉強使用者就能促使對方做出理想選擇的設計，在推力上稱為「選擇架構」。與其他方法相比，使用推力時有以下幾個特徵。

- 不讓使用者權益受損
- 讓使用者難以察覺
- 與使用者的處境對等
- 使用者也可以拒絕，不需在意他人想法

因此，推力可以說是與命令全然不同的手段，是尊重使用者自主性的誘使行為。

49 推力的框架

接下來我將針對商業上的推力應用介紹兩個具代表性的框架。運用「企劃、設計商品與服務時的評估流程」，以及「衡量推力效果的評估指標」，能讓我們對計劃到驗證階段進行完整的思考。

產品評估流程

第一個是產品評估流程，也就是從企劃、開發，一直到服務的提供與改善的循環。有幾個相關的框架與優點，不過這裡要舉出的是 OECD（經濟合作暨發展組織）所訂定的「BASIC 的五個階段」，這是一個相當容易理解的框架。

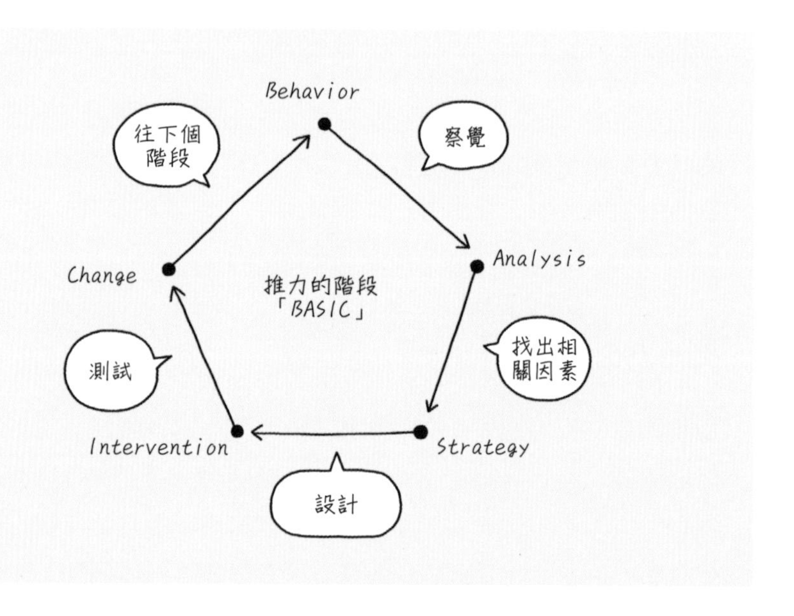

Behavior（觀察人們的行為）

第一步是要觀察使用者。如果思考時不從使用者的角度出發，一個不小心又會偏向著重於方便性與效率的企業觀點，總之請記得把目光聚焦在使用者身上。具體來說，可以近距離觀察商品與服務的使用情況，或是直接詢問使用者的意見。在這個階段，比起量性資料必須更聚焦在發掘質性資料，思考「為什麼使用者會這麼想？」。

Analysis（以行為經濟學的思維進行分析）

接下來要從使用者的行為與心情找出人性特有的傾向，這個階段與第二章介紹的偏誤有關。請對照行為經濟學的概念，分析使用者的行為、想法背後因素為何，如果能知道使用者為什麼會有這樣的行為與想法，就有機會思考出解決方案。

Strategy（設計推力的策略）

在 Behavior 與 Analysis 階段中，已經可以掌握使用者想要達成的潛在目的。接著我們要列出企業端的目的，試著歸納出雙重目的，並構思如何才能滿足雙方的目的。請記得解決問題時並不是透過強制與要求，而是評估如何藉由推力，讓使用者自然而然做出理想中的選擇。

Intervention（以推力介入）

找到能產生推力的方法與靈感後，請思考可以套用在商品與服務的哪個部分。預算越多未必就越好，即使只是稍微改變表達的方式，也可能讓使用者的行為發生很大的改變。另一方面，如果不選擇對商業營運來說可行的方式，即使效果再好也難以持續。請試著以最簡單的方式達到最大的效果。

Change（衡量推力的效果）

使用推力後，就要分析是什麼原因讓使用者的行為產生改變。當產品是數位服務時會比較容易取得資料，如果不是，也可以在服務客戶時觀察對方的反應，或是直接詢問使用者，並重新檢視推力的內容。

檢驗方式

第二個是評估推力時可以使用的檢驗清單。這裡介紹的是既簡單，也較容易直接與使用者心理連結的「EAST」。EAST 是英國行為洞察小組（BIT, Behavioral Insights Teams）所構思的確認清單。

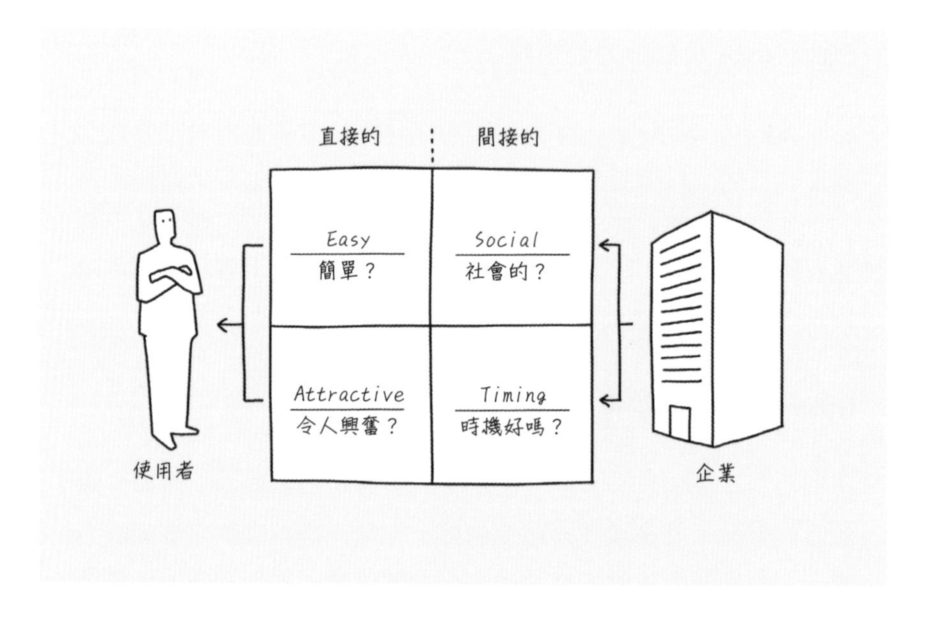

Easy（簡單？）

人與機器不同，也怕麻煩得多，總是試著以輕鬆的方法解決事情。在第二章介紹的偏誤中，捷思法與欺騙等與此尤其有關，而碰觸效應運用了對商品與服務的親近感、距離感等使用者心理，也屬於這個概念。在商務情境中，我們不自覺就會想得既複雜又困難，不過使用者所希望的則是越簡單輕鬆越好。請記得不要想著要讓使用者「做什麼」，留意思考對使用者更友善、自己也覺得「這麼做會很簡單」的方法。

Attractive（令人興奮？）

樂趣也是人類的專屬元素，機器是感受不到樂趣的。再怎麼優異的產品，如果不有趣，使用者就只會想要了解最低限度必須知道的事。引發使用者興趣有不同的做法，可以加入遊戲化的元素讓對方感到興奮，也可以透過心理抗拒，讓對方因禁止而感到反彈。請思考如何以這些方法形成推力，為使用者提供有趣的體驗。

Social（社會的？）

請仔細思考要在什麼場所與環境向使用者提供商品與服務，這點與許多偏誤都有關聯，像是同儕效果、社會偏好、權威、互惠性等機制，都會讓人更加重視其他人的想法。如果是群體而非個人，那麼人會更意識到羊群效應、從眾效應等社會規範。另外，人也會受到內集團、外集團意識，還有所謂「察言觀色」的特性所影響。讓使用者能將商品與服務的使用體驗與某個對象連結，就會讓使用者開始重視其他人的想法，而這種轉變是在機器上看不到的。

Timing（時機好嗎？）

最後一個階段與時間有關。現時偏誤與人為推進效應是與時間直接相關的效應，錨定效應與促發效應則與使用商品、服務時的順序及先後關係有關，這些效應對決策與行為會產生很大的影響，不僅如此，使用者當下的所處條件、心情，還有判斷等也都是影響因素。與使用者對話或給予回饋時請仔細斟酌適合的時機。

如上述，使用產品評估流程與檢驗清單的框架，就可以整理出在商品與服務中採用推力時的思考脈絡。不過，框架終究只是一個工具，如果一味以框架進行評估，就會把注意力都放在框架結構本身，這樣一來很容易會忽略使用者真正的期待。再重複一次，思考時從使用者的角度出發很重要。

推力 2.

讓使用者展開行動

接下來我們要將使用推力的具體方式概分為四種，分別是使用者會在幾乎沒有意識到的狀態下進行選擇的「預設值」、使用者會不經意想要使用的「機關」、讓使用者意識到自身行動的「標籤」、以交涉方式讓使用者做出選擇的「誘因」。讓我們學會區分這幾種方式，了解其中的差異與特徵。

預設值（無意識地誘導）

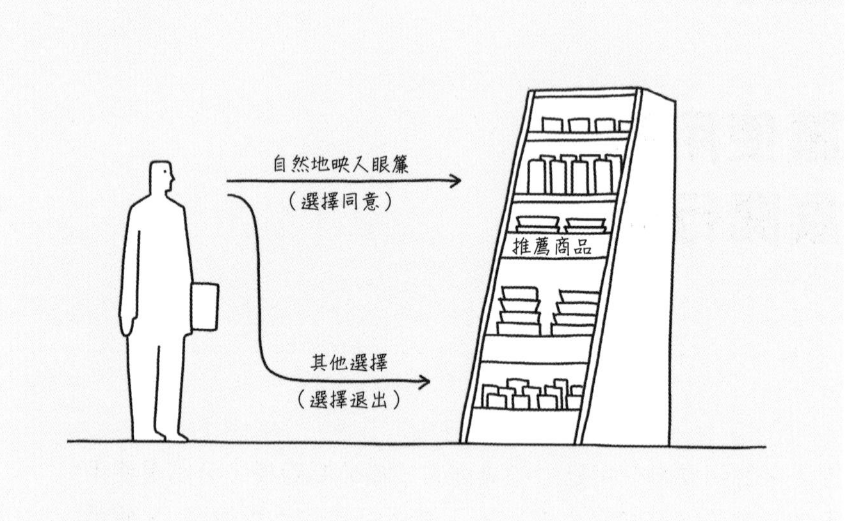

概要

- 如果最初就是選好的狀態，使用者選擇時大多不會變更
- 預設值有降低使用者決策成本的效果
- 一定要提供給使用者初始設定以外的選擇

運作機制的特徵

推力的技巧中，最廣為人知的方法就是「預設值」的設定。預設值是指使用者不必從零開始做選擇，一開始就已經設定好某個選項的狀態。

以行政措施為例，如果民眾對於器官捐贈與個人年金資料登錄沒有做出任何選擇，那麼把初始設定自動改為加入，就會讓參加率大幅提升。相對的，如果要加入必須得自己確認、選擇，那麼參加率將會大幅下降。像這樣以初始設定的方式設置其中一個選項，就能讓使用者的選擇結果大不相同。預設值的設定還有其他各種使用情境。

- 指定新幹線的座位時已經設定好某個座位
- 在醒目的位置列出受歡迎的菜單
- 在香菸的包裝上傳達香菸對健康的危害
- 網路商店的頁面上列有許多相關的推薦內容
- 寄送電子報的選取欄位預設為勾選

使用預設值設定有一個很重要的規則，那就是要讓使用者擁有選擇的自由。上述的每個例子都是推薦某個選擇，但是使用者也可以拒絕該選擇。像是使用者可以選擇變更新幹線的指定座位、香菸包裝上雖然寫有香菸的危害，但是使用者還是可以選擇吸菸。

已經有預設選項的狀態，就稱為選擇同意（Opt-in），不選擇預設選項則稱為選擇退出（Opt-out），讓使用者可以在這兩者之間自由選擇，是設計預設值選項的必要條件。營造出讓使用者難以拒絕的情境，或是將取消流程複雜化，都違背了推力的概念。

有些人對於預設值的設定提出反對意見，認為這樣對使用者並不保證公平，不過，實際上要提出對所有使用者都公平的條件根本不可能，如果將選擇以清單呈現，人會聚焦於最開始的項目，後半部的項目幾乎不太會受到關注。位置關係、順序、說話者是誰、措辭為何等，使用者會受到所有的偏誤影響。這樣的情況下，就應該透過設計，盡量讓使用者能夠做出理想的選擇，而預設值就是最簡單能誘導行動的推力技巧。

有效的原因

原因 1. 暗示與指示

如果一開始有設定好選項，使用者會傾向於認為「應該是專家為我推薦的選項吧」，尤其對自己不熟悉的領域更是會這麼想。舉例來說，客人看到定食餐廳的推薦菜單，會認為「店家推薦的一定不會錯」，而人會這麼想，其實也受到「權威」──過度信任對方，以及「羊群效應」──服從多數等偏誤影響。但是，這裡是以使用者抱持著信任感為前提，一旦使用者感到懷疑，反而會引發心理抗拒，並做出全然違反產品、服務提供者意圖的行動。

原因 2. 惰性與拖延

改變習慣是很麻煩的一件事。明明沒在使用的服務卻一直不解約、嘴裡說著「之後再做」卻一直沒有行動，有這種情況的人應該不少。據說人一天平均要做 35,000 次決定，要決定的事情太多會讓人感到疲憊，而設定預設值的好處是能將使用者的決策成本降到最低，在沒有壓力的情況下促使對方採取行動。另外，不想改變現狀的「正常化偏誤」，以及對自己的選擇必須貫徹始終的「沈默成本」也與此有關。

原因 3. 基準點與損失規避

特意改為非預設的選項後，使用者可能會覺得「該不會比原本的情況更不利？」。這與原因 1 也有關，對於自己不熟悉的狀況，由自己判斷、選擇這件事本身會令人感覺有風險，這時候展望理論會發揮作用，比起獲得，使用者更強烈意識到損失。另外也可能與「選擇的悖論」有關，因為做選擇這件事伴隨著責任，在沒有自信時，不做選擇會比較輕鬆。

原因 4. 罪惡感

使用者會觀察對方的感受再採取行動。與理由 3 相同，特意改為非預設的選項，會讓人感覺好像糟蹋了對方好意似的，而這與以雙方良好關係為前提的「互惠性」，還有選擇時會在意對方感受的「社會偏好」、「友好」也有所關聯。

51 機關（自然地誘導）

概要

- 只要看到有趣的機關，使用者會自然而然地想要嘗試
- 機關的優點是可以發揮巧思，在少額投資的情況下也有機會獲得極大效果
- 缺點是使用者容易對機關失去興趣，因此效果難以持續

運作機制的特徵

「機關」能讓使用者自然而然地想要嘗試，是藉由加入巧思促使對方採取行動的方法。當我們得知使用者對自家公司的商品與服務有所不滿和發現產品的課題時，很容易會把注意力放在消除負

面因素，但如果透過機關提出獨特的解決方案，就能將負面情境逆轉為正面情境。

具代表性的例子有男廁小便斗的蒼蠅，這個設計是利用使用者「不自覺就想瞄準」的心理。比起預設值，機關的案例中使用者通常握有更多的選擇權並深感樂趣。其他的例子如下：

- 從投擲孔洞形狀就能知道該丟哪種垃圾的垃圾桶
- 鋼琴造型的階梯（爬上樓梯後琴音會響起）
- 令人不自覺想要按順序排列的書背（常見於漫畫）
- 三角型的滾筒衛生紙（不能順暢地拿取能減少使用量）
- 設置鳥居以抑制違法棄置垃圾的行為

有幾個研究與實際應用的例子都是自然而然就影響使用者的方法。產品設計師深澤直人從「WITHOUT THOUGHT」的概念出發，設計出貼近自然行為的商品。認知科學家唐納．諾曼（Donald A. Norman）提倡了「指意（Signifier）」的概念，指意是指透過提示，引導使用者採取適當的行為。而人工智慧研究者村松真宏提出的「仕掛學」也將讓人不禁想要選擇的原因進行系統化的歸納。以上三者分別有著不同的特徵，不過這裡就讓我們聚焦在其共通之處，也就是「讓人自然而然就想這麼做」。

要以機關引導使用者採取行動，就要把腦中的構思轉化為具體的設計。例如，使用者會推門或拉門，會受到門把的形狀影響。電梯的開關按鈕，以及讓駕駛意識到必須降低速度的道路標線等也是同樣的概念。這裡可以思考如何能讓使用者不必想太多，就能瞬間做出反應。

機關的優點是即使不使用先進的技術，也有機會透過少額投資獲得很好的成效。小便斗的蒼蠅也只需要一張貼紙就能完成，比起開發新材料和清掃費用來得便宜許多，又能保持廁所清潔。能不能好好運用機關的優點全看人的巧思。另一方面，機關的缺點是使用者會有失去興趣的一天。即便機關再怎麼有趣，同樣的行為在不斷重複之後總會失去魅力。

如果試著從方便性與效率等規格條件來解決問題，就很難想出「讓人不禁想要選擇」的構思。歸納出仕掛學理論的松村真宏，在著作《仕掛學》中推薦讀者在找靈感時，可以借鏡相關案例與相似性，以及觀察兒童與使用者的行為等。尤其是兒童，一旦感覺有趣就會飛奔而至，反應相當明顯。看到洞就想要窺探，看到螺絲就想轉轉看，這就是人性。因此，請不要只是一個人抱頭煩惱，要把重點放在人的自然本性。

有效的原因

原因 1. 娛樂性

首先，機關的特徵在於以使用者的使用樂趣為重。無論是男廁小便斗的蒼蠅，或是依垃圾種類投擲孔形狀不同的垃圾桶，都是讓人想積極採取行動的巧思。這裡當然與遊戲化的概念有關，其他相關的還有想要自己動手加工的 DIY 效應，以及如果有對手就會更傾向於競爭的同儕效應等。自發性的動機是很重要的，因此，在商品與服務中加入「報酬」的元素時必須注意，避免產生過度辯證效應。

原因 2. 令人樂在其中

設計良好的機關可以減少操作錯誤，避免期待落差，不會讓使用者感覺到壓力。而且，只要使用者能夠下意識地使用，就連操作也不會覺得費工。重點是讓使用者能不知不覺地樂在其中，可以思考如何使用偏誤理論，例如讓人不禁想要觸摸的碰觸效應、參與後愈發覺得有趣的人為推進效應，以及在不導致成癮的前提下使用賭徒謬誤等，營造使用者因為自己喜歡而採取行動的情境。

原因 3. 倫理意識

想讓使用者產生停止做一件事情的念頭時，機關這項技巧也能發揮很好的效果。設置鳥居抑制違法丟棄垃圾等行為，就是訴諸使用者倫理觀念的一個很具代表性的方法。這個部分可以運用的偏誤理論，包含讓人意識到社會規範的社會證明、不禁留意周遭目光的空想性錯視、將自己行為合理化的認知失調、有類似經驗時會傾向於以經驗法則判斷的捷思法等。

標籤（有目的地誘導）

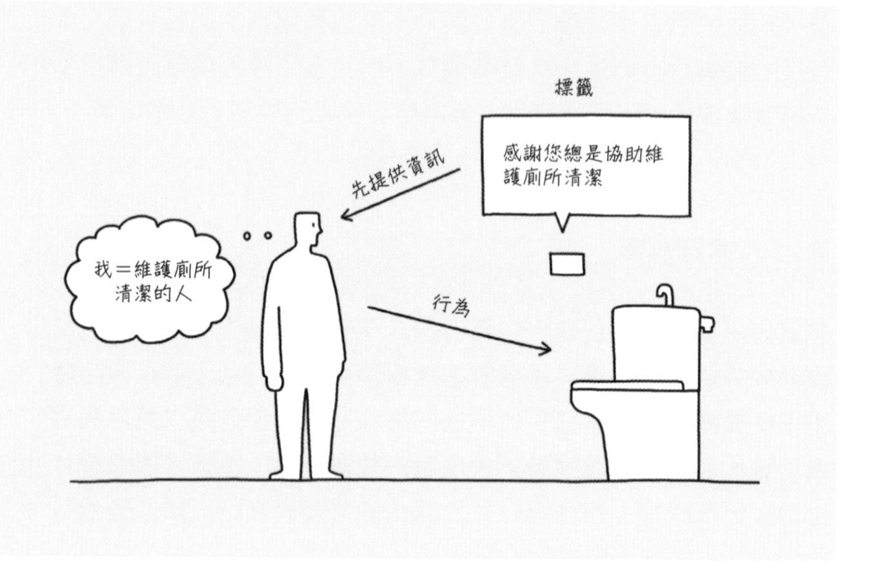

概要

- 先「片面下定論」，就能讓使用者依循其內容行動
- 尤其是使用者有意願改變行為時，標籤能提供助力
- 不要使用標籤來助長偏見

運作機制的特徵

讀者應該看過公共設施的廁所中貼有「感謝您總是協助維護廁所清潔」的貼紙吧？先認定還未使用廁所的使用者會維護清潔，就能誘導使用者採取較理想的行為，這就是「標籤」的效果。

與預設值和機關相比，標籤對使用者的介入程度稍微偏高，但並沒有強制使用者採取某項行動，也保留使用者做出其他選擇的權利，即使如此，如果一開始就聽到「你是個～的人喔」，使用者在心理上將難以做出不同於該標籤的行為。標籤的其他應用如下：

- 寫有人氣No.1的商品櫃
- 店員告知謝謝您一直以來的支持
- 「幾乎所有人都如期繳稅」的一句話
- 在使用者操作後予以讚美的網路服務

在預設值的說明中曾經提到，使用者覺得改變習慣是相當麻煩的一件事，標籤對於這樣的狀態則具有促使行動的效果。舉例來說，開車時導航若是提示「長時間駕駛辛苦了！差不多該休息了吧？」的訊息，可能會讓使用者決定休息，讓使用者產生改變行為的意識，這是因為一開始「長時間駕駛辛苦了！」的一句話，就為使用者貼上「你處於疲累狀態」的標籤。

另一方面，由於標籤也是一種先入為主的概念，使用時當然要相當注意。貼標籤這件事本來就被視為待解決的課題，因為它加諸刻板印象於不符合群體規則的人們，讓他們更難適應社會。舉例來說，因為對黑人的偏見而懷疑對方，這種標籤除了對當事者之外，也對周遭的人和整個社會帶來負面影響，從最近的新聞就可以明顯觀察到這個現象。先入為主的刻板印象和階級劃分有可能會激怒使用者，必須多加留意。

先入為主的印象有時也能助長個人的意識與行為，如同之前內集團、外集團的內容所提到的，參與數學測驗的受試者也會受到這樣的影響，強調其女性身分時成績會下滑，強調亞裔身分時成績則會提升。

藉由貼標籤獲得更好的效果，這就是所謂的「畢馬龍效應」，相反的，讓對方失去幹勁的作用就稱為「格蘭效應」。由於推力是希望將使用者推向更好方向的一種手段，因此使用推力必須以畢馬龍效應為前提。

有效的原因

原因 1. 先提供的資訊

先接收到的資訊會對使用者帶來很大的影響。即使自己認為絕對要選 A，但是在自己說出口前，對方很熱心地說明 B 才更划算，這樣一來使用者也會有所動搖。相關的偏誤理論，有設定基準點的錨定效應與促發效應、透過框架改變印象的框架效應，以及人會受到周遭影響的羊群效應等。依據當下情境，如果能在使用者思考或採取行動前找到傳達某項訊息的時機，就能思考如何透過設計加入標籤的元素。

原因 2. 因果關係

使用者並不喜歡自己的想法、行為與結果不一致，因此會試著以對自己有利的方向解釋並深信不疑。相關的偏誤理論有認為藥物昂貴因此一定有效的安慰劑效應、因為已經使用而覺得無法發表負面評論的認知失調，以及試著將原因與結果兜在一起的確認偏誤和一致性等。

原因 3. 周遭的期待

安心的狀態能帶給使用者舒適的感受。心情上越是有餘裕，就能更強烈意識到自己與周遭社會的連結。而標籤有一種效果，讓人想要以好的言行回應周遭期待。相關的偏誤理論有在意對方感受的社會偏好、依照周遭狀況採取相符行為的社會證明，以及能建立互惠關係的奈許均衡等。引導使用者與社會走向更好的方向時，標籤有著很好的效果，不過如果是透過標籤傳遞偏見、歧視、排他的訊息，將人群區分為內集團和外集團，很可能會助長社會的分裂，務必多加留意。

53 誘因（以報酬誘導）

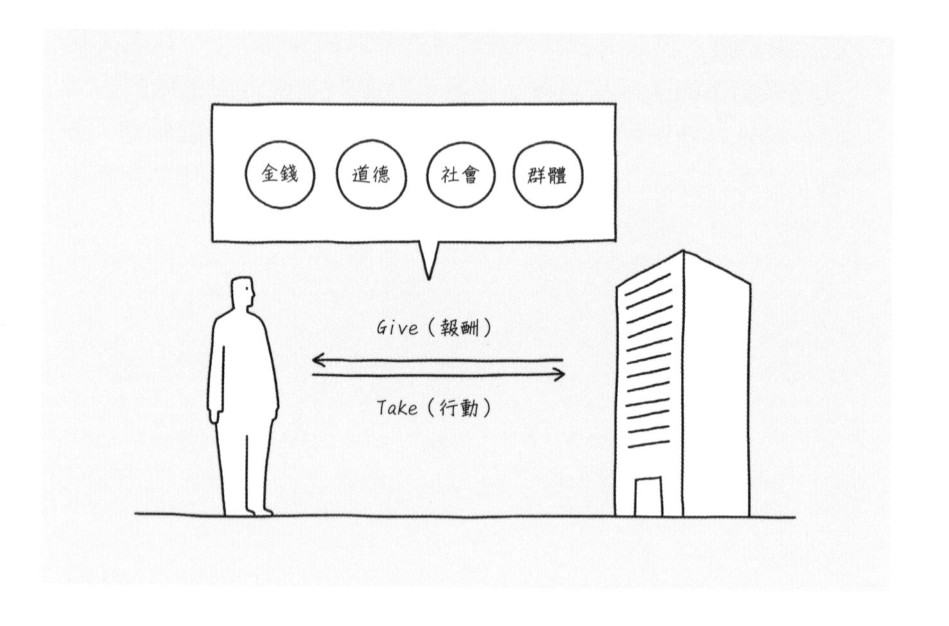

概要

- 除了金錢以外，社會性的條件也可以成為誘因
- 也可以藉由誘因讓對方吐露真實心聲
- 一定會有人試著走捷徑

運作機制的特徵

在對方沒有意識到的情況下使用推力是最理想的，但是希望使用者能夠依自己的想法選擇並採取行動時，就一定需要設計誘因

（報酬）。這裡介紹的方法並不是要讓使用者深思熟慮後做出選擇，而是自然而然地讓使用者產生「那就選這個吧」的想法。

誘因的作用能夠影響直接、表裡如一的意願（敘述性偏好），也可以影響沒有說出口，或是本人也沒有察覺、意識到的意願（顯示性偏好）。人想要獲得金錢的意願相當容易理解，不過像是獲得他人認可等意願就難以察覺。誘因的動機可以概分為四種，以節省能源為例，向使用者提供誘因時會有下述不同的表達方式。

- 金錢層面：很划算喔！
- 道德層面：有助於環境保護！
- 社會層面：做了這件事會受到稱讚！
- 群體心理層面：大家都在這麼做！

商業上有相當多試圖從金錢層面解決問題的做法，不過現實社會中，另外三個層面的效果有時更好。羅伯特・席爾迪尼（Robert B. Cialdini）是社會心理學領域知名著作《影響力：說服的六大武器，讓人在不知不覺中受擺佈》的作者，他針對節省用電，衡量人們對不同的誘因說詞會有什麼反應，結果發現，最有效的說法是「和你的鄰居一起省電吧！」。「鄰居」一詞所運用的心理，是讓使用者對於身為群體的一員感到安心，反過來說，被排除於群體之外則令人感到不安。

處罰是與誘因相反的手段，使用處罰的手段時，上述的四種報酬也一樣會影響人們的心理與行為。例如某間幼兒園採用罰款機制以因應父母遲於接送的情況。父母原本對遲到這件事是感到相當抱歉的，不過繳交罰款卻讓他們開始認為「反正付錢就可以了」，結果，罰款反而導致遲到的人增加了。這個例子良好呈現出金錢與其他三種誘因間的差異。

誘因對於捐款等利他行為也能發揮效果。「微笑列車」是支援唇顎裂患者進行手術的組織，他們在依靠捐款者善心支持的同時，也向使用者傳遞一個訊息：「現在立即捐款，我們將不會再次向您提出捐款要求」，這個做法成功提升願意捐款者的比例。由於願意持續捐款的人依然會持續捐款，而只會捐款一次的人也會想著就捐這麼一次，這讓願意捐款者的比例大幅提升。

誘因也可以用來引出對方的真實心聲。美國知名鞋類電商 Zappos 採用了一種制度，在員工完成第一個研修的時間點，可以自行選擇收下一個月份的薪水並辭職，或是不拿取金錢並繼續工作，這是一個將金錢誘因與社會誘因放在天秤兩端的測試。Zappos 相當重視公司的內部文化，他們不希望員工對於短期利益擁有強大的動機，而這個選擇制度無論是對本人或公司都帶來理想的結果。

另一方面，使用誘因時也有一些注意事項，那就是一定會有人試圖走捷徑。「眼鏡蛇效應」是在殖民時期的印度所發生的例子，當新的規定指出「捕獲眼鏡蛇可以獲得獎金」，就會有人為了獎金開始培育眼鏡蛇。然而，一旦終止提供獎金，這些人就會將培育的眼鏡蛇野放，導致環境中有更多的眼鏡蛇。這種鑽機制漏洞導致反效果的案例在行政政策與環境問題等領域都相當常見，設計機制時要謹慎思量，不要過於信任使用者。

有效的原因

原因 1. 機會成本

與預設值相同的是，使用者會對於眼前的選項具有強烈的損失規避意識，因此只要使用者認為交換的條件對自己有利或是風險較低，誘因就能發揮效果。相關的偏誤理論有展望理論與稀少性，如果加上時間條件，那麼現時偏誤也會有所影響，使用者會認為現在不交換條件將蒙受損失。

原因 2. 群眾心理

如羊群效應與從眾效應所示，「周遭的人都這麼做」會對使用者的選擇帶來影響。使用者會認知到社會誘因與群體心理誘因，也就是身為群體成員的好處。舉例來說，使用者會有排隊可以獲得稀有機會的想法，或是認為加入多數派能讓自己不那麼醒目，並因此而感到安心。

原因 3. 自我辯護

對人來說改變習慣與想法是相當困難的一件事，即使周圍的人給予意見也難以入耳。這種情況下，使用誘因作為交換條件有機會讓使用者跳脫原有想法，重新冷靜審視自己的行為。就像之前介紹的例子「半夜的情書」，提供其他選項，不讓使用者停留在一時的情緒，就是很有效的方式。

原因 4. 等價交換

有了交換條件，誘因才得以成立，因此使用誘因時雙方必須是對等的關係。使用者如果感覺到權威與互惠性的作用，認為自己正受到操弄，就會產生心理抗拒而感到排斥。此外，如果以金錢作為誘因，使用者將會把目光全都放在實質的利益上，請記得除了過度辯證效應的外在動機之外，賦予內在動機也相當重要。

推力 3.

設計商品與服務

最後我們要從設計的觀點思考行為經濟學如何應用於商品與服務。雖然設計的專業領域很多元，不過行為經濟學的偏誤與推力機制是能夠跨領域運用的。我也將介紹設計的方法，包含最容易提升使用者參與程度的文案、視覺、物品與空間，以及進行商業評估時的戰略和心態。

54 文字

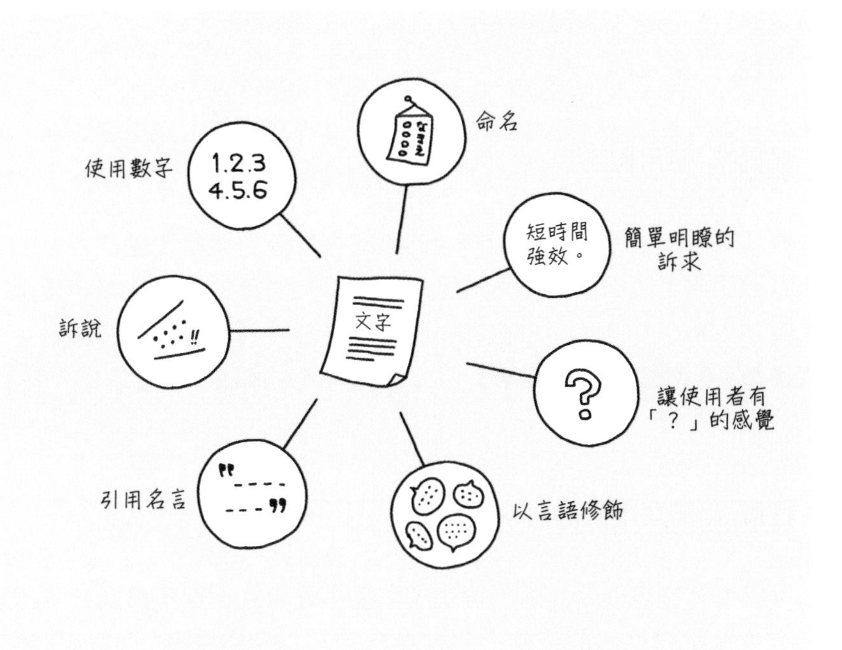

向使用者傳達訊息時，文字是最簡單的方式之一，這也是廣告文案、廣告腳本寫作者等語言專業人員的活躍領域。我們可以從這些專業人員經手的案件中學習，試著改變傳達訊息的方式。隨著最近數位化的腳步加快，使用者閱讀文字的機會增加，對於閱讀長文的接受度也隨之提升。另外，聲音媒體、音控也算是一種文字的延伸。為了讓使用者對傳達的訊息留下深刻印象，比起正確性，我們更應該注重讓消費者留下印象的「黏力」。

設計 1. 訴說

如果傳遞訊息的措辭就像在跟眼前的「你」説話一樣，而不是以不特定多數人為對象，使用者更容易覺得這件事與自己有關。將冷冰冰的言語調整得更有溫度，讓對方感覺像是在跟朋友説話，這樣的文字更有機會讓使用者採取不一樣的行動。

設計 2. 使用數字

數字是客觀的資訊，不過不同的表達方式能夠大幅改變使用者的主觀印象。相同的數字可以呈現為正面與負面的相對概念，透過數字也可以加深使用者對損失、獲利的感受。另外，數字也有個優點是即便使用者不閱讀文章，也能對其中的訊息一目了然。

設計 3. 簡單明瞭的訴求

世界上有許多優秀的廣告標語，如果不是專家，則不建議輕易接下構思廣告標語的任務。廣告標語可以運用在商務上的許多情境，例如進行企劃書提案時，比起長篇大論，簡單有力的一句話反而可以引發對方的關注。這個部分可以試著在表達方式上做些改變。

設計 4. 引用名言

以知名人物曾説過的話語傳遞訊息，説服力將大幅提升。傳承到現代的名言以及名人的發言可以提升商品、服務的價值。不過，過度使用反而會招致反效果，試著在關鍵的地方使用即可。

設計 5. 命名

企業可以透過命名為商品、服務，或是使用者進行分類。例如讓許多人熟悉「アメカジ（唸為 Amekaji，American Casual 的縮寫，意指美國休閒風，是和製外來語）」這個詞彙之後，相關時尚與生活風格的商品與服務就能引發使用者極大的共鳴。要讓某個詞彙深植人心，命名時一定要選個容易記憶、令人印象深刻的名稱。

設計 6. 以言語修飾

即使是相同的內容，也可以透過不同的表達方式，讓人留下正面或者是負面的印象。藉由言語上的修飾，說明某個提議好在哪裡，以提升說服力，或是搭配數字讓表達內容更有吸引力，就可以改變使用者心中的印象。

設計 7. 讓使用者有「？」的感覺

比起平淡的說明，令人驚訝的內容或是在文案中向使用者拋出問題，更容易引發使用者的興趣。尤其是如果能一開始就讓使用者印象深刻，將有機會開啟之後的對話。書寫文案時請記得賦予內容高低起伏的變化。

55 視覺

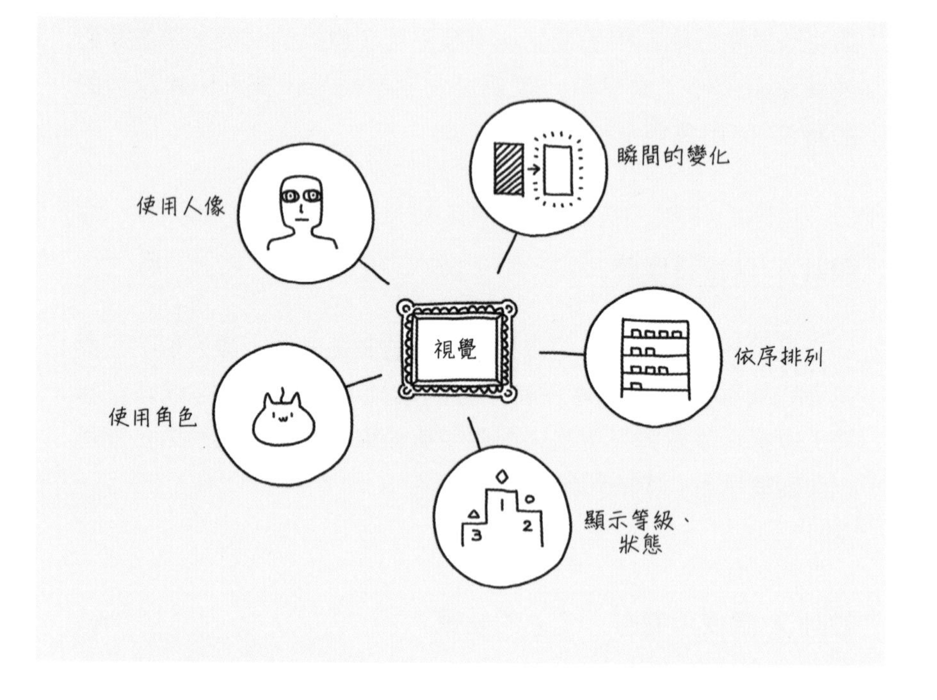

視覺呈現除了以紙張為媒介外，很多時候都是透過電視、手機的畫面傳遞給讀者。以視覺呈現的優點是不需閱讀文字也可以瞬間傳遞訊息，較有機會讓使用者立即採取行動。另一方面，每個人對於視覺畫面的印象與解釋各有不同，很難確保使用者接收到的是自己想要傳遞的訊息，有時候可能會造成誤會，因此使用視覺時必須審慎評估。比起漂亮的外觀，我更希望讀者試著思考如何透過設計，打造令人印象深刻的視覺呈現。

設計 1. 使用人像

如果海報與廣告使用人像，會讓使用者注意到「這個人」，不自覺就受到吸引。人像對使用者具有強大的吸引力，不過也要記得一件事，使用者可能會把注意力都放在人的身上，對商品、服務的印象反而變得薄弱。

設計 2. 使用角色

角色也是能高度引起使用者注意的呈現方式。不過，也不要一味地使用，當某個領域對使用者來說特別困難，或是心理距離較遠時，就可以試著以較具親近感的設計拉近距離。

設計 3. 顯示等級、 狀態

改變信用卡的卡片顏色與外觀，就可以顯示信用卡的等級，如金卡、白金卡等。透過視覺上的設計，呈現出特別與尊榮的感覺，也可以提升使用者心理上的滿足感。

設計 4. 依序排列

排版不同，給人的印象也會有極大的差異。例如橫向書寫的傳單，使用者大多會由左而右、由上而下瀏覽。而最初與最後的資訊給人的印象特別深刻。

設計 5. 瞬間的變化

想要瞬間吸引使用者採取行動時，比起文字，視覺呈現會來得更有效果。像是想要警告對方或想要表示狀況有異時，使用與以往截然不同的視覺，就能改變當下的氛圍。

56 實體

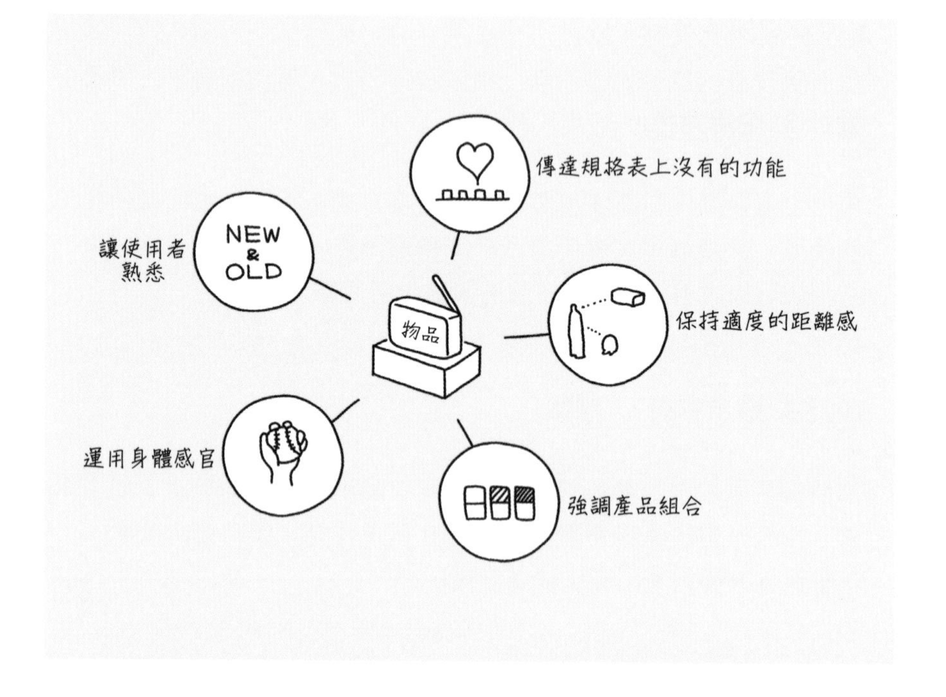

將商品實際拿在手上可以勾起使用者的各種情緒。可以把商品的重點放在讓使用者感覺親近、喜愛，或是藉由持續使用讓使用者感到熟悉，而不是單純受到直接的魅力吸引，覺得商品好酷、好用。數位服務雖然很容易觸及使用者，卻不容易與使用者建立強大的連結。相對的，物品的優勢在於能夠和使用者在實體上有近距離的接觸。從情感面的觀點出發，思考人與物品間的關係，對於設計時應該聚焦的重點或許能得到新的發現。

設計 1. 讓使用者熟悉

應該有不少使用者會對獨特性高的產品與服務感到排斥，不過產品只要具備部分熟悉的元素，就能讓使用者感到親近並且願意接受。可以採用某個與以往產品類似的使用方式、能讓使用者回憶起過往的某種元素，或是選擇某個經典主題，讓使用者在使用時能有更安心的感受。在商品上稍微發揮巧思，讓使用者產生熟悉感，或許會有不錯的效果。

設計 2. 運用身體感官

即使數位科技普及，使用者依然在乎物品是否適合自己的身體與感官。就像是開車、運動用品、電腦的滑鼠操作等，使用起來越順手就越是令人喜歡。此外，隨著使用一段時間後越來越上手，使用者可能會希望不斷提升熟練度，有時候甚至連使用該物品的例行步驟都格外令人開心。

設計 3. 強調產品組合

如果商品具有一致的風格，或是一字排開後更顯魅力，就會讓使用者想要收集同個品牌的各個商品。強調商品的獨特性，讓同一個產品組合同時具備共通點與多元性，才是能夠吸引使用者的關鍵。

設計 4. 保持適度的距離感

距離感對於使用者與物品間的關係有著很大的影響。有時候像朋友一樣容易親近的距離感較好，有時候不太引人注意，保持距離並融入在周遭環境反而更好。舉例來說，拿在手上的物品需要具備柔軟、可愛等與生物相近的元素，不過如果是冷氣這種不會直接接觸的物品，不具生物元素則更加合適。

設計 5. 傳達規格表上沒有的功能

只專注在提升方便性與效率，很容易會陷入價格、性能等規格面的競爭。不過世界上大受歡迎的商品，大部分都像本書開頭所介紹的 Apple 和 Starbucks 一樣，充滿著無法單純從規格表上看出的魅力。要引發情緒共鳴、讓使用者感到喜愛，可以試著從商品外觀、功能、是否容易操作等方面著手。

57 畫面操作

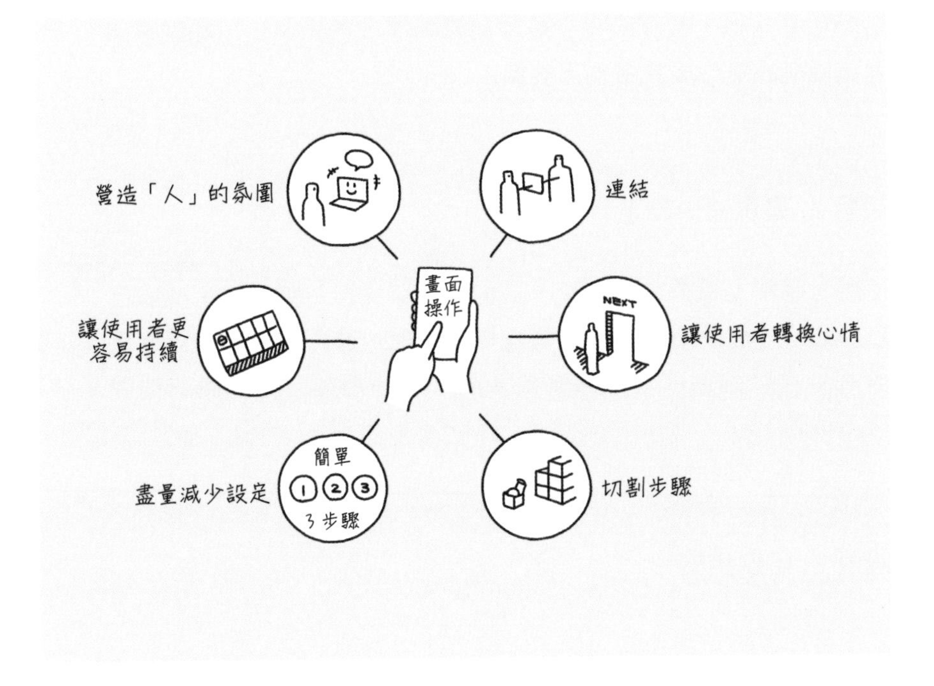

在現在這個幾乎人人都有電腦、手機的時代，我們有越來越多機會可以透過畫面操作對使用者的心情帶來影響。畫面並非只有顯示資訊，它也兼具操作、反應等互動功能。我們可以試著把畫面操作視為人與人，而非人與機器的互動，將畫面視為兩個人的互動媒介。即便使用者是為了達成某個具實際利益的目的而操作，也可能在操作的過程中產生某種情感。關於畫面操作的設計，我們可以從遊戲與娛樂等領域學習到很多。

設計 1. 讓使用者更容易持續

如果在一開始加入會員與登入時就獲得點數，使用者將更有持續的動機。提供選項給使用者選擇時，如果一開始能先設定勾選標準選項或告知建議選項，就能讓使用者不必猶豫並往下進行。玩遊戲也是一樣，最開始先完成較簡單的關卡提升等級，能讓使用者感受樂趣並想要持續往下破關。

設計 2. 盡量減少設定

使用者基本上都非常怕麻煩，喜歡能簡單操作，需要設定的項目越少越好。設計時可以試著降低操作門檻，盡可能減少會讓使用者感到遲疑的選項，不需要太多的思考與煩惱，就能簡單地操作、行動。

設計 3. 切割步驟

單次操作要盡可能簡短、簡單，馬上可以得到結果，這樣一來，使用者就不會為接下來的步驟感到擔心、有壓力。不過，一味地切割操作步驟，很可能會讓使用者操作時停不下來，或是出現過度熱衷的情況，因此設計時必須拿捏分寸。

設計 4. 讓使用者轉換心情

要誘導使用者採取不同於以往的行為，就必須讓他們意識到變化。如有需要，也可以在畫面上呈現出與以往截然不同的畫面，或是中途停止操作流程，讓使用者能夠跳脫樂在其中的狀態。

設計 5. 連結

比起實體環境，線上環境更能夠觸及使用者。藉由媒合、直播等功能提供串連人與人的機會，使用者就會更加積極參與。一旦使用者與他人聯繫上以後，請給予反應與回饋，讓使用者感受到與他人之間的連結和歸屬感，提升願意持續使用服務的機會。

設計 6. 營造「人」的氛圍

網路的環境原本就難以從畫面想像對方的長相，因此使用者可能會做出一些平常面對面時不會做的行為。為了避免這種情況，可以試著減少操作畫面上比較冰冷的元素，以溫暖的問候取而代之，加入一些有互動性的交流！

58 場合與服務

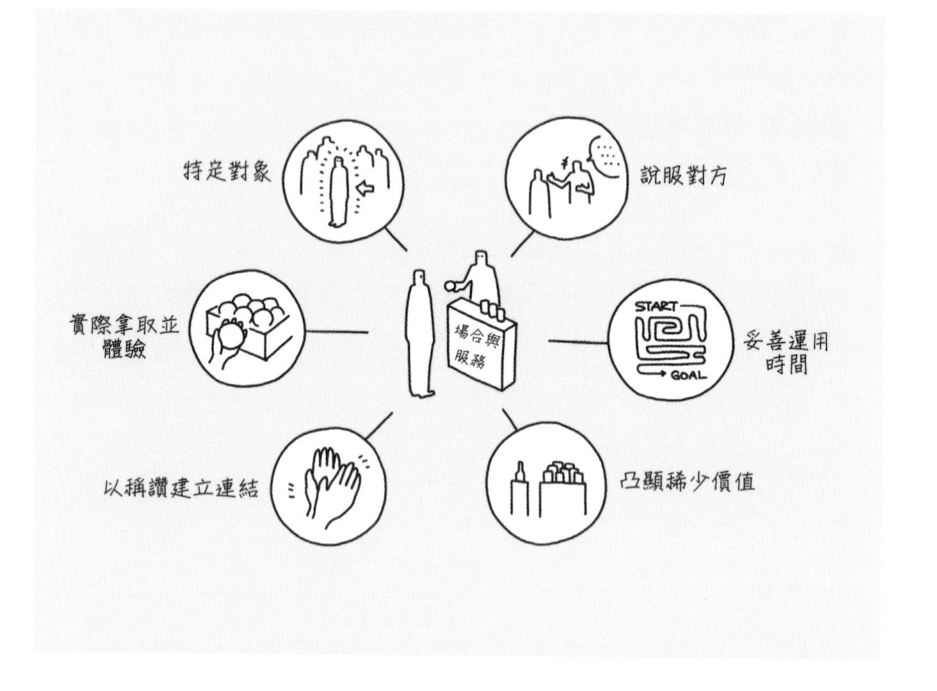

超市、餐廳、醫院、銀行、公共設施等特定場所提供的商品與服務，有許多透過「人」與使用者接觸的機會。具體而言有運用建築物與空間提供場合、顧客與店員的交流、妥善運用使用者停留的時間等。從行為經濟學與推力的角度觀察，商品陳列與服務的專家等優秀人士有很多值得我們學習的技巧。如果你是企劃與設計的相關人員，可以請教熟悉現場的專業人員，或是實際走訪現場，仔細觀察人們的交流情況。這樣一來，應該可以找到其他能夠改變行為的關鍵，而這些是無法只憑方便性與效率來解釋的。

設計 1. 特定對象

商店與公共設施這種人來人往的場所中，由於匿名效應較強，因此說話時可以試著向其中的一個人搭話，而不是以所有人為對象。這麼一來就能拉近與使用者間的心理距離。

設計 2. 實際拿取並體驗

如果是衣服或家電等可以實際觸摸的商品，可以留意調整商品的擺放方式，讓使用者可以不經意就將其拿起。無論想不想購買，使用者一旦用手觸摸，與商品間的心理距離就會隨之縮短。像是試吃與試穿等拉近與使用者距離的行為，就能大幅提升使用者的購買機率。

設計 3. 以稱讚建立連結

店員搭話時，許多使用者都抱持警戒。為了讓使用者安心，就要以笑容展現包容的態度與感謝的心情。使用者一旦受到稱讚，就會不禁放下警戒，接受對方的要求。反之，當使用者態度堅決時，不要強迫推銷，等對方心情緩和下來才是上策。

設計 4. 凸顯稀少價值

剩餘不多、限時特賣、等待了一個月的商品等，這種稀有價值會提高使用者購買、使用的意願。如果是實體商店，可以試著以一期一會（日本茶道用語，意指一生只有一次的相會）的角度看待自己與使用者之間的關係並傳遞價值給對方，讓使用者認為「特地來一趟真是值得」。

設計 5. 妥善運用時間

對商店等設施來説，如何運用時間也會產生很大的影響。在使用者進入商店前事先告知購物條件並引導對方購物、讓使用者花上一些時間以產生想要回本的心理，或者是即便使用者中途有了不好的體驗，只要最後以讚美讓事情完美收場，使用者就會願意再來。有許多的方式可以運用。

設計 6. 說服對方

有時也有必要好好地説服使用者。應該有很多人都有這樣的經驗，對於某件事情雖然理智上明白其中道理，但情感上還是難以抉擇。這時候可以創造對話的機會，在不會咄咄逼人的情況下讓對方仔細思考，這樣一來就能讓對方在決策與行動時的心情一致。心情與做出的行為若是不一致，就會產生不滿的情緒，讓企業與使用者間無法建立良好的關係。

59 商業策略

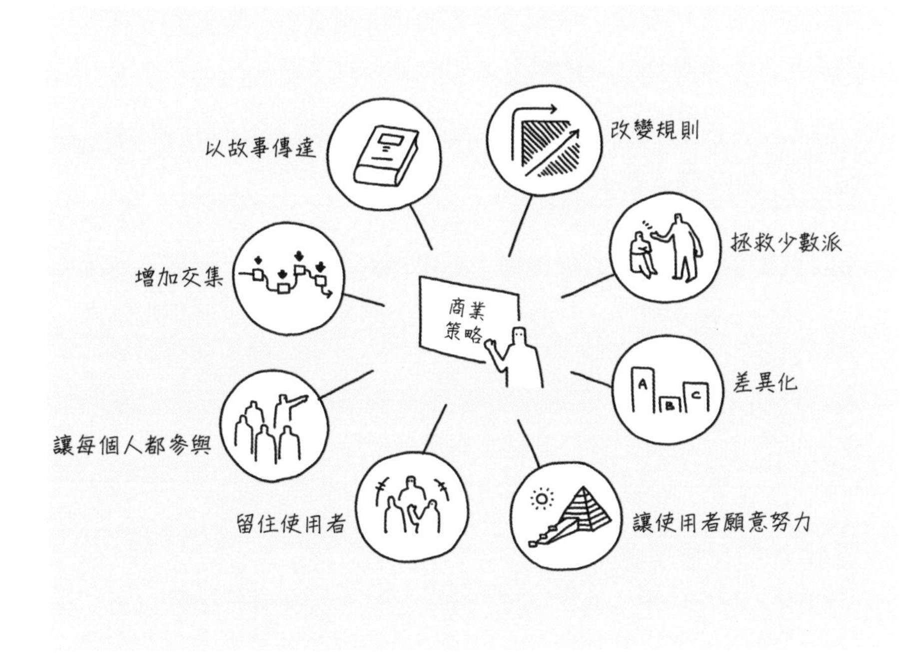

思考事業計畫與商品策略時也可以運用推力的概念。如果只把注意力放在方便性與效率，思考就會被既定的框架侷限，對於規格外的差異無法產生創新的發想。這時候可以試著聚焦在使用者使用商品與服務時的想法。把目光放在使用者的潛在期待，以及如何讓使用者受到產品魅力吸引而採取行動，或許就能想到獨特的商業策略，或是找到能改變使用者行為，讓使用者不禁想要試用看看的契機。

設計 1. 增加交集

在數位服務普及以後，比起直接的營收，增加用戶人數的重要性更是與日俱增。另一方面，每日都會有許多新的服務誕生，要引發使用者的興趣並不容易。這個情況下可以試著思考如何才能維持與使用者間的交集，例如讓使用者能接觸與自己相似的夥伴並熱絡交流，或是建立與使用者之間的互惠關係等。

設計 2. 讓每個人都參與

可以試著運用使用者的群體性。利用人的心理特質，例如與他人一起比較安心、每個人都有參與時會想貢獻自力等，藉由這個方式串連使用者，就能透過交互作用提升使用者的關注與安心感。另一方面，我們難以完全控制使用者的行為，因此必須調整心態，容許一定程度的例外並順應事情的發展。

設計 3. 留住使用者

可以試著醞釀支持者心理。一旦使用者喜歡某個音樂家和運動選手，這份喜歡就會產生連鎖反應，讓社群的參加人數提升，使用者願意自發性地予以支持。品牌策略也是醞釀支持者心理時不可或缺的一環，比起漂亮的外觀，請著眼於使用者的內在動機，縮短彼此間的距離，提升使用者的參與意願，

設計 4. 讓使用者願意努力

一旦使用者的動機轉變為自發性動機，就會因為喜歡而支持產品。只要產品給人愉悅感受和良好體驗，使用者甚至會不惜付出努力，自發性地予以支持。

設計 5. 差異化

商業策略的基本概念，是藉由獨樹一格的獨特性凸顯自己與競爭對手間的差異。除了方便性與效率外，也可以試著聚焦在情感價值上。如果商品與服務看似只有在實體條件上走向成熟，或許背後就潛藏著打破市場既定思維的機會。

設計 6. 拯救少數派

不屬於多數派的使用者之聚集場合，以市場的角度看來也潛藏著許多可能性。如果可以重視少數派使用者、避免他們產生不安感受，藉此建立彼此間穩固的關係，競爭對手將難以追趕，同時也有機會成為該領域深受歡迎的品牌。

設計 7. 以故事傳達

超越效率與方便性的價值並無法透過數值等客觀數據傳達，這裡的重要關鍵字是「共鳴」。要觸動使用者的情感，可以透過故事讓對方想像實際使用產品的狀態，讓使用者了解商品與服務的願景，這種人性化的訊息是不可或缺的。

設計 8. 改變規則

要讓自己處於優勢，有個方式是改變市場的遊戲規則。請試著在理解規則的基礎上，尋找改變規則的方法。如果是長期封閉且保守的業界，使用者有可能期待業界規則能有所改變。不要拘泥於常規，仔細判斷哪些事在改變後能被使用者接受、哪些事又是絕對不能改變的。

60 心態

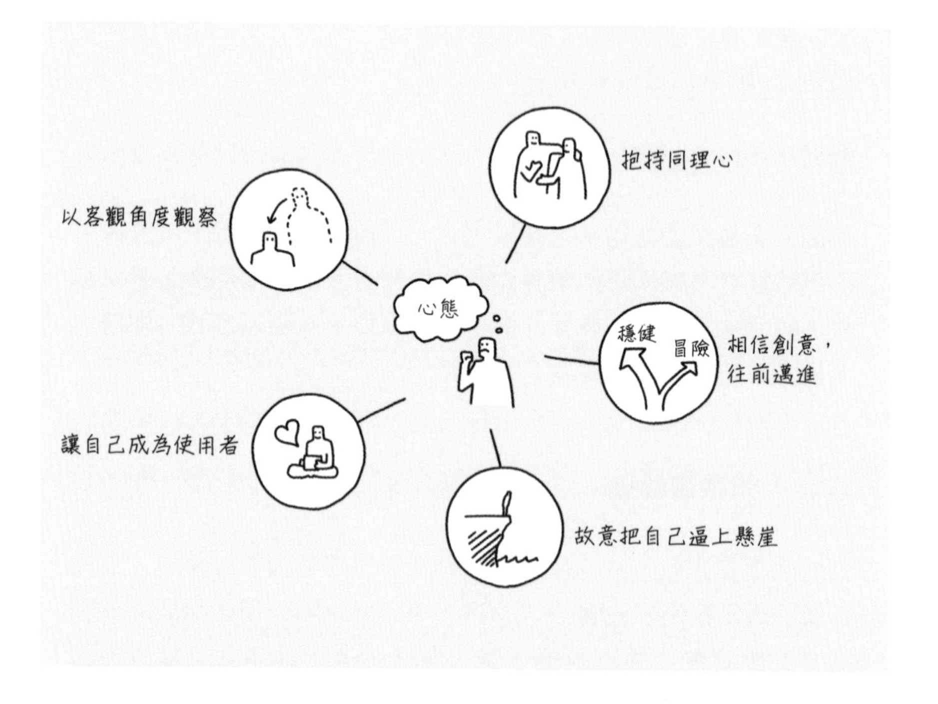

接下來我將試著歸納出「你」在從事商品、服務的企劃與設計時，應該要有什麼樣的心態。偏誤不只發生在使用者身上，供應端、也就是企業相關的所有人在從事日常的工作時，也可能總是帶著某種思考偏誤，或是受到一個小事件的影響而改變思考與行為。可以試著客觀審視自己、讓自己成為使用者並投入產品的使用，藉此找尋超越方便性與效率的創新構想。也請務必試著提出能夠填補使用者與企業間認知落差的提案。

設計 1. 以客觀角度觀察

構思商品與服務的你也可能會陷入思考偏誤與思考慣性而不自知。請試著不要太固執己見，以非業界人士的客觀角度感受使用者真正期待與在意的事。

設計 2. 讓自己成為使用者

要理解使用者的想法與行為，以使用者的身分親自體驗產品與服務是最快的方式。有時以使用者的身分投入體驗產品，應該就可以察覺理智層面以外的好惡、情感。

設計 3. 故意把自己逼上懸崖

自由發想其實出乎意料地困難。很多時候優秀的構思是在時間與預算的限制下而產生，限制自我或許反而能幫助自己找到解決方案，不妨試著將限制視為創意的泉源。

設計 4. 相信創意，往前邁進

要讓使用者理解前所未有的全新構想並不容易，也容易會因此感到不安。即便如此，不受周遭目光所惑，一步步增加認同者，總有一天可以獲得使用者的理解。

設計 5. 抱持同理心

另一方面，商務並非一個人就能完成。別忘記理解對方的立場與想法，有時比起結果更需要注重團隊合作。除了終端使用者之外，也請把商業夥伴視為使用者的一員，這麼一來就能想出同理對方的計畫與策略。

後記

回顧行為經濟學與設計的共通點

以上就是行為經濟學與設計的相關說明，各位覺得有趣嗎？

如果透過本書，你能了解到觀察使用者（人）的重要性、超越方便性與效率的價值，以及獨特的構想有助於解決問題等，那就再好不過了。

第 1 章所整理的圖與插圖，其目的是藉由理解理論與概念的結構，讓讀者不再將行為經濟學視為艱深的學問並掌握整體概念。希望各位對行為經濟學的關注不只侷限於理論，而是能以實踐性的角度思考。

第 2 章介紹的 39 個偏誤在行為經濟學裡只佔了一部分，還有其他許多受到研究的理論。雖然無法在書中網羅所有概念，不過如果以本書的八個分類為基礎，嘗試觀察人的行為與思考慣性，或許就能察覺本書並未納入的其他偏誤。有時候抱持懷疑，有時候相信自己，無論是眼睛能看到的或不能看到的事物，都請培養觀察的習慣。

第 3 章介紹的是推力的應用方法，並試著以設計的角度出發穿插帶入相關的想法。我到目前為止曾在商務上參與過的領域有工業產品的設計、空間與數位服務設計，以及事業企劃等，每隔幾年工作領域就會有所改變，不過，從使用者角度出發的態度是不變的。改變使用者意識與行為的方法不只一種，這點和單純追求方便性與效率時並不相同。無論我們是企劃人員、設計與開發人員，還是現場的服務人員，思考我們能為使用者做什麼事，都會是共同的課題。請各位利用這個機會，思考「設計的實踐」對你來說是什麼。

無論是行為經濟學或設計，追根究底都是在探究「人的本質」。行為經濟學是以研究與學問的形式探究這個問題，設計則是將其實踐在商品與服務上。如將兩者結合在一起，就能如此思考──我們能否實現一個更關注「人」、更有樂趣與善良的社會？即使時至21世紀，我們還是因為沒有將目光聚焦於在使用者、也就是人的身上，導致科技的濫用、經濟上不平等的落差、為人帶來不幸的政策等，因此面臨著許多社會問題。我寫這本書的初衷，是希望能藉著運用行為經濟學的知識來設計商品與服務，或多或少讓世界朝向更好的方向發展。謝謝各位讀者閱讀到最後。

多虧了許多過去曾經合作的對象，帶給我那麼多珍貴的體驗與機會，本書才得以付梓。礙於篇幅無法逐一表達感謝，這裡我透過以下三點表達我的感謝。

首先是第一位教導我設計、札幌市立高等專門學校的老師，以及同學、前輩、後輩。老師教給我們紮實的設計基礎，與同學間的切磋琢磨，讓我能橫跨不同的設計領域，面對更多元的挑戰。

接著是實務上曾一起配合的客戶，謝謝我目前任職的公司Tigerspike，以及我曾經任職過的公司夥伴。將商務與設計實踐在每個日常，我才得以將其中的概念彙整成書。

再來我也要感謝經營note的全體人員讓我能有機會出版此書。如果沒有持續在note平台發表文章，就沒有出版此書的機會。note為了提升用戶持續發表文章的動機，推出了容易使用的先進服務和諸多設計，一直以來都帶給我許多啟發。此外，我也對本書的編輯，翔泳社的關根康浩，以及SOUVENIR DESIGN負責設計的武田厚志深表感謝。

最後，對於我在寫作本書時也愉快度過每一天的家人，謝謝你們一直以來的關照。

參考文獻

多虧以下列出的諸多書籍，我才得以寫作本書，在此我要表達我的謝意。我參考了這些書籍中的理論說明、研究資料與考察，還有實際案例等。本書是學習行為經濟學的入門書籍，希望進一步深入理解的讀者請閱讀以下書籍。

04. 人與機器的差異

『ファスト＆スロー　あなたの意思はどのように決まるか？　下』丹尼爾．康納曼（著）村井章子（譯）早川書房 2012.11（中文版：《快思慢想》）

06. 8個偏誤

『ファスト＆スロー　あなたの意思はどのように決まるか？　下』丹尼爾．康納曼（著）村井章子（譯）早川書房 2012.11（中文版：《快思慢想》）

07. 4個推力

『実践行動経済学』理查．賽勒（著）、凱斯．桑思坦（著）、遠藤真美（譯）日經 BP　2009.07（中文版：《推力：決定你的健康、財富與快樂》）

09. 同儕效應(一起的話就能努力)

『世界で最も美しい問題解決法—賢く生きるための行動経済学、正しく判断するための統計学』李查．尼茲比（著）、小野木明惠（譯）青土社 2018.01（中文版：《聰明思考：大師教你 100 多種關於生活、財富、職場、人生的智慧推論心智工具，讓人做出正確抉擇》）

『行動経済学の使い方』大竹文雄（著）岩波書店 2019.09（中文版：《如何活用行為經濟學：解讀人性，運用推力，引導人們做出更好的行為，設計出更有效的政策》）

10. 社會偏好(體貼對方)

『行動経済学の使い方』大竹文雄（著）岩波書店 2019.09（中文版：《如何活用行為經濟學：解讀人性，運用推力，引導人們做出更好的行為，設計出更有效的政策》）

『「意思決定」の科学—なぜ、それを選ぶのか』川越敏司（著）講談社 2020.09（暫譯：《「決策」的科學—為什麼我們這樣選擇》）

『「きめ方」の論理—社会的決定理論への招待』佐伯胖（著）東京大學出版會 1980.04（暫譯：《「決策」的邏輯—進入社會決定論的世界》）

11. 互惠性(必須予以回報)

『影響力の武器—なぜ人は動かされるのか』羅伯特．席爾迪尼（著）、社會行動研究會（譯）誠信書房 1991.09（中文版：《影響力：說服的六大武器，讓人在不知不覺中受擺佈》）

12. 空想性錯視(臉的力量)

『独裁者のデザイン—ヒトラー、ムッソリーニ、スターリン、毛沢東の手法』松田行正（著）平凡社 2019.09（暫譯：《獨裁者的設計—希特勒、墨索里尼、史達林、毛澤東的手法》）

13. 權威(強化上下關係意識)

『影響力の武器—なぜ人は動かされるのか』羅伯特．席爾迪尼（著）、社會行動研究會（譯）誠信書房 1991.09（中文版：《影響力：說服的六大武器，讓人在不知不覺中受擺佈》）

14. 從眾效應(排隊心理)

『社会運動はどうやって起こすか』Derek Sivers TED Talk https://www.ted.com/talks/derek_sivers_how_to_start_a_movement?language=ja（中文影片名稱：「如何發起群眾運動」）

『マイ遺品セレクション』三浦純（著）文藝春秋 2019.02（暫譯：《我的遺物精選》）

「ない仕事」の作り方』三浦純（著）文藝春秋 2015.11（暫譯：《如何發明新工作》）

15. 羊群效應(少數派的不安)

『木を見る西洋人 森を見る東洋人—思考の違いはいかにして生まれるか』李查．尼茲比（著）、村本由紀子（譯）鑽石社 2004.06（中文版：《思維的疆域：東方人與西方人的思考方式為何不同？》）

『経済学のセンスを磨く』大竹文雄（著）日本經濟新聞出版社 2015.05（暫譯：《培養經濟學的基本能力》）

16. 奈許均衡(互惠關係)

『エウレカの確率—経済学捜査員とナッシュ均衡の殺人』石川智健（著）講談社 2015.02（中文版:《靈機一動的機率 2：經濟學探員與納許均衡命案》）

『ゲーム理論入門の入門』鎌田雄一郎（著）岩波書店 2019.04（暫譯：《賽局理論入門的入門》）

17. 稀少性(快失去就更想要)
『影響力の武器—なぜ人は動かされるのか』羅伯特．席爾迪尼（著）、社會行動研究會（譯）誠信書房 1991.09（中文版：《影響力：說服的六大武器，讓人在不知不覺中受擺佈》）
『アフターデジタル—オフラインのない時代に生き残る』藤井保文（著）尾原和啓（著）日経 BP 2019.03（中文版：《搶進後數位時代：從顧客行為找出未來銷售模式》）

18. 社會證明(希望能有所依靠)
『影響力の武器—なぜ人は動かされるのか』羅伯特．席爾迪尼（著）、社會行動研究會（譯）誠信書房 1991.09（中文版：《影響力：說服的六大武器，讓人在不知不覺中受擺佈》）
『スティーブ．ジョブズ 2』華特．艾薩克森（著）、井口耕二（譯）講談社 2011.02（中文版：《賈伯斯傳》）
『KING JIM—ヒット文具を生み続ける独創のセオリー』宮本彰（著）河出書房新社 2015.05（暫譯：《KING JIM—不斷推出熱銷文具的獨創理論》）
『出発点』宮崎駿（著）スタジオジブリ 1996.08（中文版：《宮崎駿　出發點 1979-1996》）

19. 旁觀者效應(每個人都視而不見)
『ティッピング．ポイント—いかにして「小さな変化」が「大きな変化」を生み出すか』麥爾坎．葛拉威爾（著）、高橋啓（譯）飛鳥新社 2000.02（中文版：《引爆趨勢：小改變如何引發大流行》）
『人はなぜ集団になると怠けるのか』釘原直樹（著）中央公論新書 2013.10（暫譯：《為什麼人在群體中就會懈怠？》）
『超ヤバい経済学』史帝文．李維特（著）、史帝芬．杜伯納（著）、望月衛（譯）東洋經濟新報社 2010.10（中文版：《超爆蘋果橘子經濟學》）

20. 捷思法(捷徑思考)
『ファスト＆スロー　あなたの意思はどのように決まるか？　下』丹尼爾．康納曼（著）村井章子（譯）早川書房 2012.11（中文版：《快思慢想》）
『思い違いの法則』雷．郝伯特（著）、渡會圭子（譯）合同出版 2012.04（中文版：《小心，別讓思考抄捷徑！》）
『センスメイキング』麥茲伯格（著）、斎藤榮一郎（譯）PRESIDENT Inc. 2018.11（中文版：《演算法下的行銷優勢》）

21. 現時偏誤(現在才重要)
『マシュマロテスト—成功する子．しない子』沃爾特．米歇爾（著）、柴田裕之（譯）早川書房 2015.05（中文版：《忍耐力：其實你比自己想的更有耐力！棉花糖實驗之父寫給每個人的意志增強計畫》）
『[エッセンシャル版]行動経済学』貝德利（著）、土方奈美（譯）、依田高典（解說）早川書房 2018.09（暫譯：《【精華版】行為經濟學》）
『行動経済学の逆襲』理查．賽勒（著）、遠藤真美（譯）早川書房 2016.07（中文版：《不當行為：行為經濟學之父教你更聰明的思考、理財、看世界》）
『目標は人に言わずにおこう』Derek Sivers TED Talk
https://www.ted.com/talks/derek_sivers_keep_your_goals_to_yourself?language=ja（中文影片名稱：「別說出你的個人目標」）

22. 正常化偏誤(厭惡改變)
『生き残る判断 生き残れない行動』亞曼達．瑞普立（著）、岡真知子（譯）筑摩書房 2019.01（中文版：《生還者希望你知道的事》）
『人はなぜ逃げおくれるのか』広瀬弘忠（著）集英社 2004.01（暫譯：《為什麼人總是逃得太慢？》）
『社会運動はどうやって起こすか』Derek Sivers TED Talk
https://www.ted.com/talks/derek_sivers_how_to_start_a_movement?language=ja（中文影片名稱：「如何發起群眾運動」）

23. 確認偏誤(自圓其說)
『倫理の死角—なぜ人と企業は判断を誤るのか』麥斯．貝澤曼、安．E．坦柏倫塞（著）、池村千秋（譯）、谷本寛治（解說）NTT 出版 2013.09（中文版：《盲點：哈佛、華頓商學院課程選讀，為什麼傳統決策會失敗，而我們可以怎麼做？》）

24. 人為推進效應(有進度就會更有幹勁)
『行動経済学まんが—ヘンテコノミクス』佐藤雅彥（著）、菅俊一（著）、高橋秀明（著）MAGAZINE HOUSE, Ltd. 2017.11（中文版：《漫畫行為經濟學　不理性錯了嗎？：為什麼總是忍不住湊免運？23 堂讓你不再吃虧的思考啟發課》）
『アーティストのためのハンドブック』大衛．貝爾斯（著）、泰德．奧蘭德（著）、野崎武夫（譯）Film Art, Inc. 2011.11（中文版：《開啟創作自信之旅：走在創作的路上難免害怕，只有不放棄的人才能不斷成長》）
『クリエイティブ．マインドセット—想像力．好奇心．勇気が目覚める驚異の思考法』大衛．凱利（著）、湯姆．凱利（著）、千葉敏生（譯）日經 BP 2014.06（中文版：《創意自信帶來力量》）
『予想どおりに不合理—行動経済学者が明かす「あなたがそれを選ぶわけ」』丹．艾瑞利（著）、熊谷淳子（譯）早川書房 2010.10（中文版：《誰說人是理性的》）

25. 峰終定律(結果好就一切都好)
『ダニエル．カーネマン心理と経済を語る』丹尼爾．康納曼（著）、友野典男（審閱）、山内 Ayu 子（譯）樂工社 2011.03（暫譯：《丹尼爾．康納曼　論心理與經濟》）

26. 稟賦效應(自己擁有的最好)
『予想どおりに不合理—行動経済学者が明かす「あなたがそれを選ぶわけ」』丹．艾瑞利（著）、熊谷淳子（譯）早川書房 2010.10（中文版：《誰說人是理性的》）

27. DIY效應(過度高估與自己有關的事物)

『不合理だからすべてがうまくいく―行動経済学で「人を動かす」』丹・艾瑞利（著）、櫻井祐子（譯）早川書房 2011.10（中文版：《不理性的力量：掌握工作、生活與愛情的行為經濟學》）

28. 瑪雅法則(先進程度與熟悉度)

『口紅から機関車まで』雷蒙德・洛威（著）、藤山愛一郎（譯）鹿島出版會 1981.03（原文版書名：《Never Leave Well Enough Alone》）

『ヒットの設計図―ポケモン GO からトランプ現象まで』德瑞克・湯普森(著)、高橋由紀子(譯)早川書房 2018.10（中文版：《引爆瘋潮：徹底掌握流行擴散與大眾心理的操作策略》）

29. 碰觸效應(觸摸是王道)

『ジョナサン・アイブ』利安德・凱尼（著）、關美和（譯）日経 BP 社 2015.01（中文版：《蘋果設計的靈魂：強尼・艾夫傳》）

30. 內集團與外集團(寬以待己的習性)

『しらずしらず - あなたの 9 割を支配する「無意識」を科学する』曼羅迪諾（著）、水谷淳（譯）鑽石社 2013.12（中文版：《潛意識正在控制你的行為》）

『タテ社会と現代日本』中根千枝（著）講談社 2019.11（暫譯：《縱向社會與現代日本》）

31. 懷舊(懷舊行銷)

『なつかしさの心理学―思い出と感情』日本心理學會（監修）、楠見孝（編輯）誠信書房 2014.05（暫譯：《懷舊心理學―回憶與情感》）

『昭和ノスタルジー解体―懐かしさはどう作られたのか』高野光平（著）晶文社 2018.04（暫譯:《解析昭和情懷―怎麼塑造懷舊的感覺？》）

32. 展望理論(規避損失)

『ファスト＆スロー　あなたの意思はどのように決まるか？　下』丹尼爾・康納曼（著）村井章子（譯）早川書房 2012.11（中文版：《快思慢想》）

33. 過度辯證效應(報酬與幹勁)

『行動経済学まんが―ヘンテコノミクス』佐藤雅彥（著）、菅俊一（著）、高橋秀明（著）MAGAZINE HOUSE, Ltd. 2017.11（中文版：《漫畫行為經濟學　不理性錯了嗎？：為什麼總是忍不住湊免運？23 堂讓你不再吃虧的思考啟發課》）

34. 賭徒謬誤(下次肯定會……)

『デザインされたギャンブル依存症』娜塔莎・道・舒爾（著）、日暮雅道（譯）青土社 2018.06（原文版書名：《Addiction By Design》）

『ソーシャルゲームのビジネスモデル―フリーミアムの経済分析』田中辰雄(著)、山口真一(著)勁草書房 2015.05（暫譯：《社群遊戲的商業模式―免費增值的經濟分析》）

『80 年代オマケシール大百科』Sadesper 堀野（著）Isop 出版社 2017.04（暫譯：《80 年代附贈貼紙大百科》）

35. 心理抗拒(對「不可以」的反彈)

『シロクマのことだけは考えるな！―人生が急にオモシロくなる心理術』植木理惠（著）MAGAZINE HOUSE, Ltd. 2008.08 8（中文版：《白熊心理學：讓人生瞬間變有趣的超解憂心理術！》）

36. 安慰劑效應(病由心生)

『僕は偽薬を売ることにした』水口直樹（著）國書刊行會 2019.07（暫譯：《我決定賣假藥》）

37. 整數效應(概略分類思考)

『オタクの行動経済学者、スポーツの裏側を読み解く』托比亞思・莫斯科維茲（著）、強・沃海姆（著）、望月衛（譯）鑽石社 2012.06（中國浙江出版社版本：《比賽中的行為經濟學：賽場行為與比賽勝負的奧秘》）

『イチローはなぜ打率ではなくヒット数にこだわるのか』兒玉光雄（著）晉遊舍 2008.04（暫譯：《鈴木一郎為何執著於安打數而非打擊率？》）

38. 選擇的悖論(選項太多則無法選擇)

『選択の科学』希娜・艾恩嘉（著）、櫻井祐子（譯）文藝春秋 2010.11（中文版：《誰說選擇是理性的》）

39. 錨定效應與促發效應(順序很重要)

『ファスト＆スロー　あなたの意思はどのように決まるか？　下』丹尼爾・康納曼（著）村井章子（譯）早川書房 2012.11（中文版：《快思慢想》）

40. 框架效應(表達方式決定結果)

『FACTFULLNESS』漢斯・羅斯林等（著）、上杉周作（譯）、關美和（譯）日經 BP 社 2019.01

『行動経済学の使い方』大竹文雄（著）岩波書店 2019.09（中文版：《如何活用行為經濟學：解讀人性，運用推力，引導人們做出更好的行為，設計出更有效的政策》）

41. 友好(喜好則寬容)

『影響力の武器―なぜ人は動かされるのか』羅伯特・席爾迪尼（著）、社會行動研究會（譯）誠信書房 1991.09（中文版：《影響力：說服的六大武器，讓人在不知不覺中受擺佈》）

42. 欺騙(每個人都想輕鬆)

『行動を変えるデザイン』史蒂芬・溫德爾（著）、武山政直（審閱）、相島雅樹（譯）、反中望（譯）、松村草也（譯）O'Reilly Japan, Inc. 2020.06（中文版：《行為改變科學的實務設計｜活用心理學與行為經濟學》）

43. 半夜的情書(一時衝動而後悔)

『不合理だからすべてがうまくいく—行動経済学で「人を動かす」』丹・艾瑞利(著)、櫻井祐子(譯)早川書房 2011.10(中文版:《不理性的力量:掌握工作、生活與愛情的行為經濟學》)

『Podcast・日本的歷史—第65回』廣瀬真一 Ogawabungo

44. 遊戲化(遊戲與努力)

『ホモ・ルーデンス』約翰・赫伊津哈(著)、高橋英夫(譯)中央公論社 2019.01(第一版:1973年)(中文版:《遊戲人:對文化中遊戲因素的研究》)

『遊びと人間』凱窪(著)、多田道太郎(譯)、塚崎幹夫(譯)講談社 1990.044(原文版書名:《Les jeux et les hommes》,意思是「遊戲與人」)

『ゲーミフィケーション—< ゲーム > がビジネスを変える』井上明人(著)NHK 出版 2012.01(中文版:《從思考、設計到行銷,都要玩遊戲!:Gamification 遊戲化的時代》)

『「ついやってしまう」体験のつくりかた—人を動かす「直感・驚き・物語」のしくみ』玉樹真一郎(著)鑽石社 2019.08(中文版:《「體驗設計」創意思考術》)

45. 一致性(讓使用者更執著)

『影響力の武器—なぜ人は動かされるのか』羅伯特・席爾迪尼(著)、社會行動研究會(譯)誠信書房 1991.09(中文版:《影響力:說服的六大武器,讓人在不知不覺中受擺佈》)

46. 沈沒成本(「可惜」的圈套)

『諦める力』為末大(著)PRESIDENT Inc. 2013.05(中文版:《放棄的力量》)

『高田明と読む世阿弥』高田明(著)日經 BP 2018.03(暫譯:《和高田明一起讀世阿彌》)

『岩田さん』ほぼ日刊イトイ新聞(著)Hobonichi Co., Ltd. 2019.07(中文版:《岩田聰如是說》)

『じゅんの恩返し—恩返しその38』ほぼ日刊イトイ新聞
https://www.1101.com/ongaeshi/050823index.html (中文篇名暫譯:「三浦純的報恩—第38回」)

『マット・カッツの30日間チャレンジ』Matt Cutts TED Talk
https://www.ted.com/talks/matt_cutts_try_something_new_for_30_days?language=ja (中文影片名稱:「用30天嘗試新事物」)

47. 認知失調(自我洗腦)

『武器になる哲学—人生を生き抜くための哲学・思想のキーコンセプト50』山口周(著)KADOKAWA 2018.05(中文版:《哲學是職場上最有效的武器》)

『予言がはずれるとき』里昂・費斯汀格(著)、亨利・里肯(著)、史丹利・沙克特(著)、水野博介(譯)勁草書房 1995.12(原文版書名:《When Prophecy Fails》)

48. 推力的結構

『実践行動経済学』理查・賽勒(著)、凱斯・桑思坦(著)、遠藤真美(譯)日經 BP 2009.07(中文版:《推力:決定你的健康、財富與快樂》)

『仕掛学—人を動かすアイデアのつくり方』松村真宏(著)東洋經濟新報社 2016.10(中文版:《仕掛學》)

49. 推力的框架

『行動経済学の使い方』大竹文雄(著)岩波書店 2019.09(中文版:《如何活用行為經濟學:解讀人性,運用推力,引導人們做出更好的行為,設計出更有效的政策》)

『ナッジで、人を動かす』凱斯・桑思坦(著)、田總惠子(譯)、坂井豊貴(解說)NTT 出版 2020.09(原文版書名:《The Ethics of Influence》)

50. 預設值(無意識地誘導)

『ナッジで、人を動かす』凱斯・桑思坦(著)、田總惠子(譯)、坂井豊貴(解說)NTT 出版 2020.09(原文版書名:《The Ethics of Influence》)

51. 機關(自然地誘導)

『仕掛学—人を動かすアイデアのつくり方』松村真宏(著)東洋經濟新報社 2016.10(中文版:《仕掛學》)

『AXIS - vol.96』AXIS 出版社 2002.04

『複雑さと共に暮らす—デザインの挑戦』唐納・諾曼(著)、伊賀聰一郎(譯)、岡本明(譯)、安村通晃(譯)新曜社 2011.07(中文版:《好設計不簡單:和設計師聯手馴服複雜科技》)

『誰のためのデザイン?—認知科学者のデザイン原論』唐納・諾曼(著)、野島久雄(譯)新曜社 1990.02(中文版:《設計的心理學:人性化的產品設計如何改變世界》)

52. 標籤(有目的地誘導)

『完訳アウトサイダーズ—ラベリング理論再考』貝克(著)、村上直之(譯)現代人文社 2011.1(中文版:《局外人:偏差社會學研究》)

53. 誘因(以報酬誘導)

『0ベース思考—どんな問題もシンプルに解決できる』史帝文・李維特(著)、史帝芬・杜伯納(著)、櫻井祐子(譯)鑽石社 2015.02(中文版:《蘋果橘子思考術:隱藏在熱狗大賽、生吞細菌與奈及利亞詐騙信中的驚人智慧》)

『ヤバい経済学—悪ガキ教授が世の裏側を探検する』史帝文・李維特(著)、史帝芬・杜伯納(著)、望月衛(譯)東洋經濟新報社 2007.04(中文版:《蘋果橘子經濟學》)

中島亮太郎

Tigerspike Tokyo office / Lead UX Designer

關注如何結合設計與商務，在開發數位產品的國際企業Tigerspike任職，負責設計策略與商務設計的實踐。曾經在醫療、金融、保險、流通、製造、汽車、通訊、旅遊、體育等領域中，從設計的觀點執行商務企劃與實現構想，此外，也支援新創企業、擔任大學的兼任講師。擅長透過圖表整理商務上的難題。出生於北海道。

商務設計的行為經濟學筆記｜解鎖行銷與創新的密碼

作　　者：中島亮太郎
設　　計：武田厚志（SOUVENIR DESIGN INC.）
編　　輯：関根康浩
譯　　者：何蟬秀
企劃編輯：莊吳行世
文字編輯：王雅雯
設計裝幀：張寶莉
發 行 人：廖文良

發 行 所：碁峰資訊股份有限公司
地　　址：台北市南港區三重路 66 號 7 樓之 6
電　　話：(02)2788-2408
傳　　真：(02)8192-4433
網　　站：www.gotop.com.tw
書　　號：ACV043900
版　　次：2022 年 08 月初版
建議售價：NT$450

國家圖書館出版品預行編目資料

商務設計的行為經濟學筆記：解鎖行銷與創新的密碼 / 中島亮太郎原著；何蟬秀譯. -- 初版. -- 臺北市：碁峰資訊, 2022.08
面；　公分
ISBN 978-626-324-260-9(平裝)
1.CST：行銷心理學
496.014　　111011582

讀者服務

- 感謝您購買碁峰圖書，如果您對本書的內容或表達上有不清楚的地方或其他建議，請至碁峰網站：「聯絡我們」\「圖書問題」留下您所購買之書籍及問題。（請註明購買書籍之書號及書名，以及問題頁數，以便能儘快為您處理）
http://www.gotop.com.tw

- 售後服務僅限書籍本身內容，若是軟、硬體問題，請您直接與軟、硬體廠商聯絡。

- 若於購買書籍後發現有破損、缺頁、裝訂錯誤之問題，請直接將書寄回更換，並註明您的姓名、連絡電話及地址，將有專人與您連絡補寄商品。